盂蘭的故事

策劃：陳幼南、馬介璋
漫畫：Stella So.
文字：胡炎松

不知不覺
又到農曆七月……

序一

農曆七月盂蘭勝會常被稱為鬼節，當中因涉及燒香祈福，拜神祭鬼，以往在不同年代曾被主政者視為迷信陋習。自從香港潮人盂蘭勝會在二〇一一年被列入國家級非物質文化遺產名錄，盂蘭勝會地位相對提升，社會對其文化內涵又開始重新認知。盂蘭勝會是世代相傳的民俗活動，是中華歷史文化組成部分，具有深度的歷史觀、民族觀和文化觀。盂蘭勝會的思想觀念源於《佛說盂蘭盆經》目連救母的典故，故事蘊涵佛家「因果」思想，通過布施行善，產生「功德」，可回饋祖先福澤及自身吉祥。累積「功德」可由布施延伸至孝親報恩，以及對冥陽兩界弱世社群的慈愛與悲憫，充分展現博愛包容的人文精神，有助增強個人道德規範和困境自信。籌建盂蘭勝會是通過社會實踐，群體參與，以鞏固社區關係而獲得認同感，更有助延續文化傳承和促進經濟效益。

農曆七月，全港各區都有不同規模形式的盂蘭勝會活動，那些年在你家附近都曾出現盂蘭勝會活動。也許年輕的你，曾跟隨家中長輩到盂蘭勝會場地欣賞潮劇、神功戲，或你只聚焦攤販的潮州蠔仔粥，白飯泡上湯，加入蠔仔、肉碎、冬菜、方魚，放少許芫荽葱粒，灑些胡椒粉，濃郁風味垂涎三呎。此情此景，對於盂蘭勝會文化內涵自然興趣大增！

推廣盂蘭勝會，需要跟隨時代跑，要緊貼時代作適應性調整，以符合社會環境。繪本《盂蘭的故事》將時代的元素融入傳統盂蘭的模式，演繹盂蘭勝會各項莊嚴的儀式流程，再以親切輕鬆的手法，繪畫新時代盂蘭的故事。內容介紹了三天盂蘭勝會的儀式流程，當中有潮劇、戲班、神功戲；經師棚由誦經、施食以至跳躍動感儀式；神棚各式各樣的供品擺設；神袍棚色澤鮮明的紙糊紮作；還有高度奪目的大士王等。以上種種，讀者都可通過《盂蘭的故事》，更容易了解真實世界中的盂蘭勝會。

序二

一直很喜歡盂蘭勝會，總覺得是從異域來到陽間的大型魔法團，一夜間在球場上幻化出無數竹棚閃燈，日夜奏著聽不明的佛經和粵曲，十分超現實。尤其喜歡看到兩層樓高的紙紮鬼王，有些鬼王藍面獠牙，有些像白臉猴子。八仙是盂蘭勝會的常客，而地獄判官、獄卒，黑白無常則是偶然看到。後來才知道盂蘭勝會也有分潮州、海陸豐和廣府三個形式。

我帶著相機，戰戰兢兢地到盂蘭勝會拍照。那個年頭數碼相機沒現在般普及，老人家覺得奇怪，以為我是記者。又客氣說拍照不好，容易招陰，更令盂蘭勝會神秘詭異。我乘機問老前輩這是什麼那是什麼，有的會細心回答，但更多的是跟著傳統去辦，很難用言語一一說明。

直到認識胡炎松先生，他自小跟隨父親接觸盂蘭勝會，十分熱心，對當中每項細節都用心了解，看了他自資出版的《破解盂蘭迷思》後，多年來對盂蘭的疑問都迎刃而解，更令我驚訝的是原來盂蘭勝會所牽涉的範疇比想像中更廣更遠，包羅萬有。如天文、地理、道教、佛教、戲曲、神話、傳統祭祀儀式、中原風俗文化等……每個棚當中的擺設又各有講究和聯繫，缺一不可。所以，盂蘭勝會就像一個大寶庫，未打開只見其神怪面紗，一旦開啟便可飽覽中國文化的瑰寶。

這次，很榮幸得到香港潮屬社團總會邀請創作《盂蘭的故事》，尤其感激馬介璋主席、許學之主席等推動盂蘭勝會成為國家級非物質文化遺產，更要感謝陳幼南主席給予我為盂蘭勝會創作繪本的機會和林楓林先生提供很多寶貴意見。希望藉著胡炎松先生對盂蘭勝會的認識，加上本人生動的演繹，以最親切的方式將盂蘭勝會呈現給讀者，讓年輕一代明白盂蘭勝會的意義，並傳承下去，發揚光大。

目錄

球場歷險記

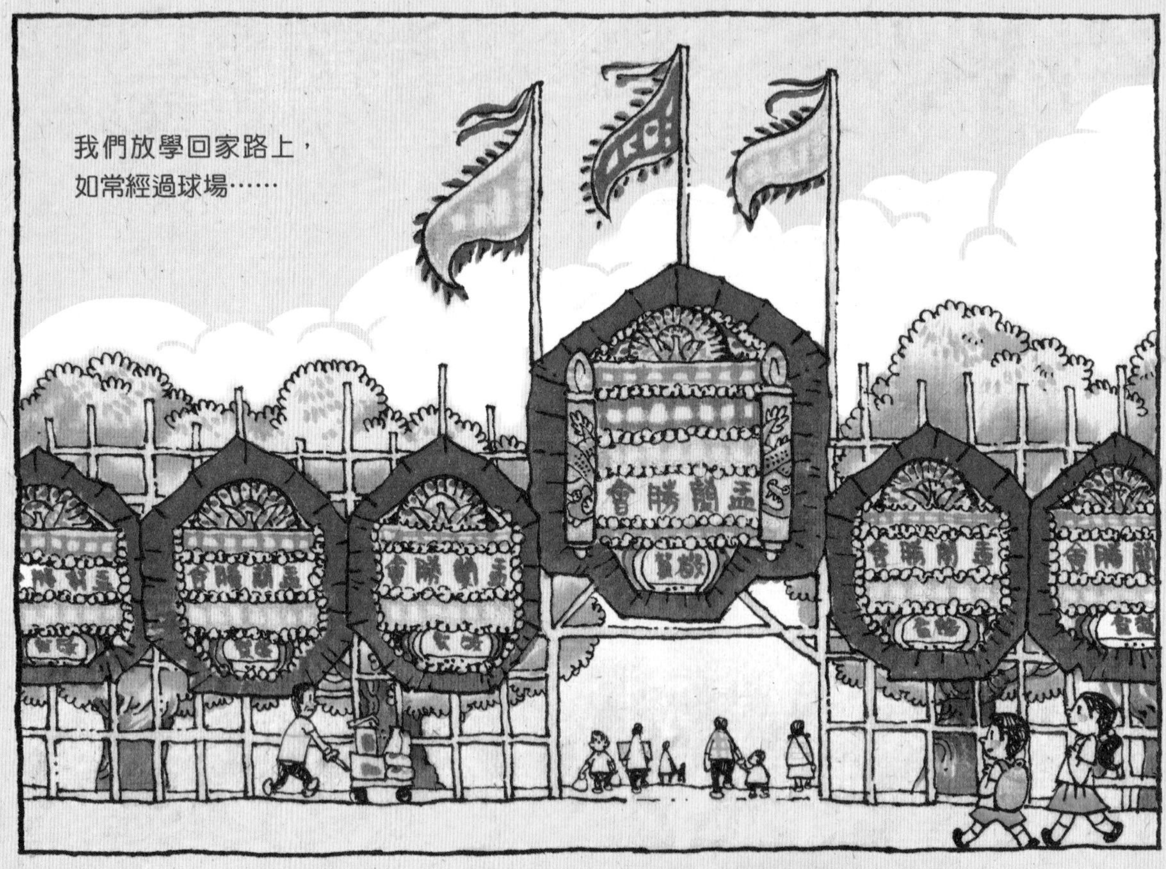

突然有一匹紅馬從球場
飛上天空。
盂蘭勝會

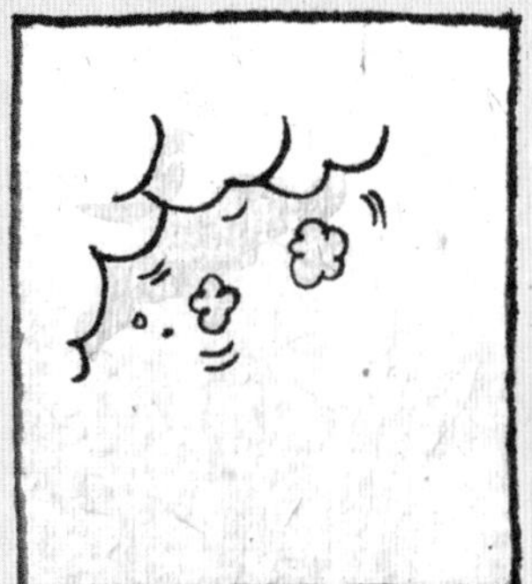

嘩！
你看到
嗎？

球場內真是熱鬧到不得了……

風調雨順
合境平安
辦事處
馬爺

在球場內我們看到……

有人在拜神

有和尚在唸經

有用食物堆成的塔

有人賣麥芽糖和麵粉公仔

有人看大戲

有人捧著一包
包紙紮的東西

有許多巨型的衣服

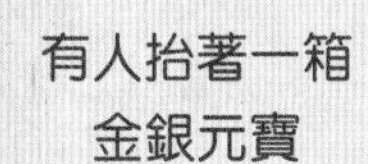

有人抬著一箱
金銀元寶

有一排排七彩的糕點

又有很多用毛筆字寫的
名字在板上

更看到很多只有在傳說中才出現的神仙和瑞獸。

八仙

1 韓湘子（少）	5 何仙姑（女）
2 呂洞賓（男）	6 曹國舅（貴）
3 鍾離權（富）	7 藍采和（貧）
4 張果老（老）	8 鐵拐李（賤）

我是大士王，
不用怕我。
小朋友，
你要上船嗎？
法船
姐姐，是我們剛才
見到的紅馬啊！
嘩！
好恐怖啊！

這裡到底發生什麼事？
是剛才我們看到的紅馬，
不如等我們問問牠吧。

你好，紅馬先生，
請問你是誰？

我是神馬，負責來回天
上和凡間，把大眾願望
報告上天庭。

難怪你如此忙碌了。
那麼這裡是什麼地方？

這裡是盂蘭勝會。

上來吧，等我告訴你們什麼是盂蘭勝會。

【農曆七月十五日的傳說】

農曆七月十五日，佛教稱為盂蘭盆會，道教稱為中元節，民間多稱為鬼節或七月半，而潮汕民間則稱為施孤節。對於「亡魂」的祭祀，道教和佛教各有不同。

道教創於漢末及三國時代，南北朝時逐漸形成，因帝王的提倡而得到發展。

即掌管天堂、地府、海洋三界的神，民間稱為「三官大帝」。
天
地
水

道教的三元齋：「正月十五為上元節天官賜福、七月十五為中元節地官赦罪、十月十五日為下元節水官解厄。」

故農曆七月十五日中元節是地官赦罪之日，民間會進行超拔祖先和地獄亡魂，祈求懺罪並求福澤。

【目連救母的故事】

有說佛教在西漢末年傳入中國，西晉時期由高僧竺法護翻譯的《佛說盂蘭盆經》，記載有關「目連救母」的故事。

講述佛門弟子目連得了六神通後，用法力觀看世界，看見母親由於生前多行惡事，故死後墮入餓鬼道。

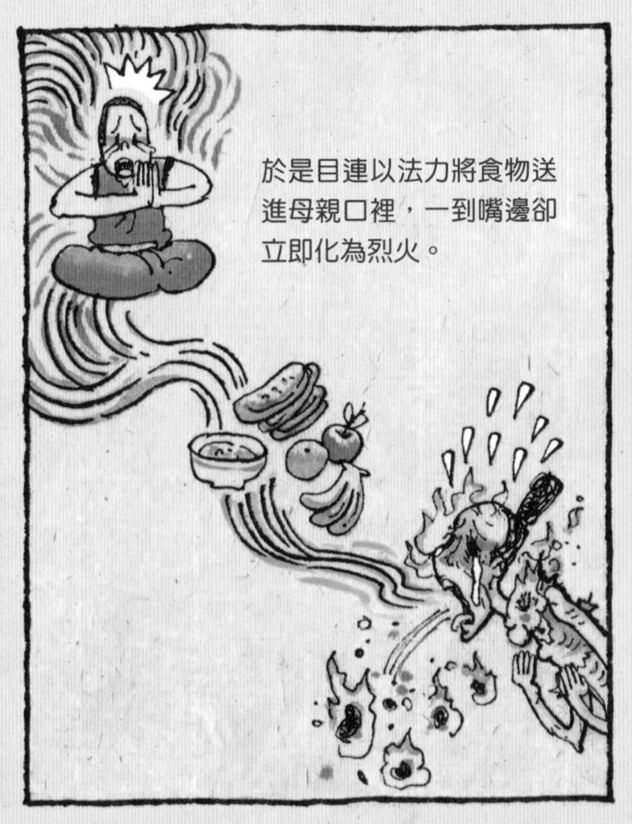

佛祖，請教我怎麼辦。
佛祖告訴目連在七月十五日僧自恣日，用盂蘭盆盛以百味五果，供食十方大德僧眾，便能使其母濟度，得到解脫。「盂蘭」梵語譯為「倒懸」，意謂倒吊懸掛之苦，「盆」用盆盛以百味五果。
盂蘭盆

目連救母的典故與崇尚孝道的中華傳統倫理相符，因此受到歷代帝王的提倡。
到了宋代，佛家的盂蘭盆會以盆供僧為報祖先恩德，發展成為以盆施鬼的祈福消災，與道教的中元節有共同理念，互相結合，又由於目連救母傳揚孝道，得到儒家認同。故成為傳統佛道儒三教共同的民間節日。

#【盂蘭勝會對社會的作用】

凡與鬼神有關的事物，都會被認為是迷信，所以有人視進入盂蘭勝會為禁忌。其實這些對鬼神的概念，對於維護社會法治和道德規條，擔任著重要的角色。

在古時社會，由於律法不健全，故缺乏有效的管治制度。
兵

大膽刁民，生前作惡多端，死後必落地獄受盡酷刑，要你們求生不得，求死不能。
智者就利用鬼神傳說和因果報應，來說明殺人放火、作姦犯科者，死後定必遭受地獄懲罰之苦。

超度法事，為亡者誦唸
拜懺經文。

內容多是勸導亡者須誠心懺悔生前所犯
的冤孽罪障，以求減輕罪孽，獲得解脫，
早得輪迴。

暗喻即使死亡，並
不代表一切完結就
可置身事外，仍然
需要為生前所作的
罪負責。

從而警示世人要接受因果報應，
自我約束。

【盂蘭勝會對人的意義】

在盂蘭勝會捐獻做功德，可給在生父母增福延壽，也能為去世父母及祖先消孽滅障。

盂蘭勝會組織者都是街坊商戶，貧富共融。富者出錢，貧者出力，公演神功戲目的就是供神明欣賞，以獲功德迴向。

組織者相信籌辦盂蘭勝會是做好事做功德，憑藉超度亡魂，施食鬼神，可迴向消災增福慧，遇事吉祥。

盂蘭勝會
盂蘭勝會通過法事儀式，超度超現實世界的孤魂野鬼。

使到它們可聞經享食，遠離地獄之苦。

而在現實世界中，
更藉著派米及贈送福品給弱勢社群，來展示組織者的博愛與包容之心。

盂蘭勝會十分講究程序和規矩，從神棚福品嚴謹的排列已可體會到。

神棚內各種儀式活動，都是互相交替前後有序。即使諸鬼神來到壇前接受施食，當法事儀式進行期間，也需要循規蹈矩。

在放焰口儀式中，

召請到壇前的孤魂眾生，更需要誠心合掌俯伏，儀容端莊地接受施食。

【盂蘭勝會的源起】

上世紀五十至七十年代的香港，生活艱苦，解決溫飽是多數人唯一的寄望。當年盂蘭勝會十分興盛，參與人數眾多，街坊商戶捐獻積極。當年全港有六十七個潮人盂蘭勝會，到了二〇一三年則有五十四個。
1932
押

第二次世界大戰結束，基於內地饑荒關係，大批內地移民湧入香港，香港人口急劇增加。
←香港
其中潮籍移民主要居住在香港島西營盤一帶，多是單身來港，在碼頭和貨倉從事苦力搬運工作。

直至一九七〇年，香港人口已達到四百萬，居住和就業成為當時社會嚴峻和急切需要解決的問題。

潮籍移民多居住在擠迫的
徙置區和簡陋的山坡寮屋，
他們經常要面對颱風、山
泥傾瀉等自然災禍。

每當遭遇天災人禍，平民百姓艱苦無助，
總歸咎是神棄鬼弄、亡魂不息所致。

唯有逆境中祈天庇蔭，誦
經超度亡魂，藉此祈求風
調雨順，合境平安，陰安
陽樂，社區安寧。

潮籍移民在陌生環境和言語不通的情況下，若要謀生立足，同鄉之間的團結互助是唯一出路。

故同鄉關係，就親如兄弟，一呼百應，建立起強而有力的潮籍社區。盂蘭勝會因而成為潮籍同鄉維繫團結的動力。

潮汕人將客死異鄉的同鄉都稱為「好兄弟」，充分顯示潮汕人有情有義，對「架己人」，即自己人的承諾。

潮汕舊俗「施孤節」正好迎合當時社會形勢，成為潮汕移民心靈上的慰藉，同時凝聚同鄉，發揮團結互助的精神。

一九四九年新中國成立後，嚴禁民間進行任何對神明的崇拜和宗教信仰。潮籍移民隨着遷徙到香港，將「施孤節」這傳統習俗帶入香港，也是激發潮人盂蘭勝會源起的誘因。

香港盂蘭勝會分佈圖

地圖參考自陳蒨著：
《潮籍盂蘭勝會：非物質文化遺產、集體回憶與身份認同》，中華書局，2015。

盂蘭勝會的佈局

在香港，不同盂蘭組織會因應個別環境和場地限制，有獨特的擺設和佈置，但始終是萬變不離其宗。

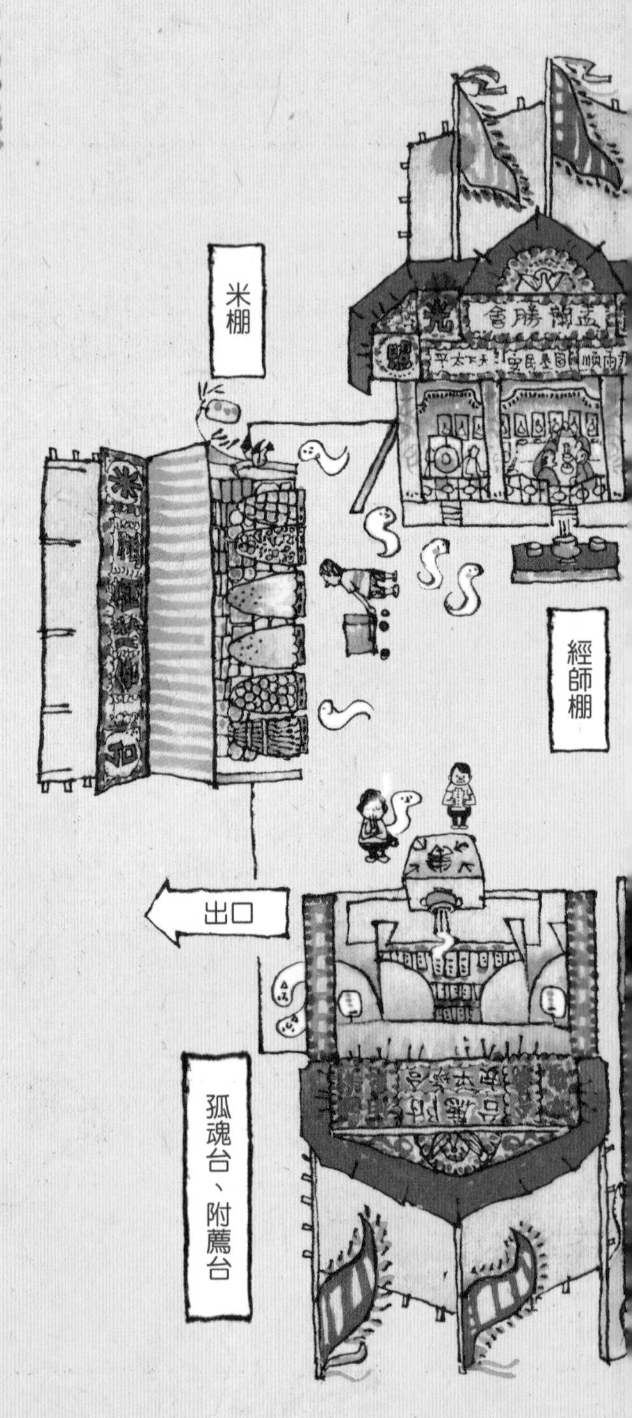

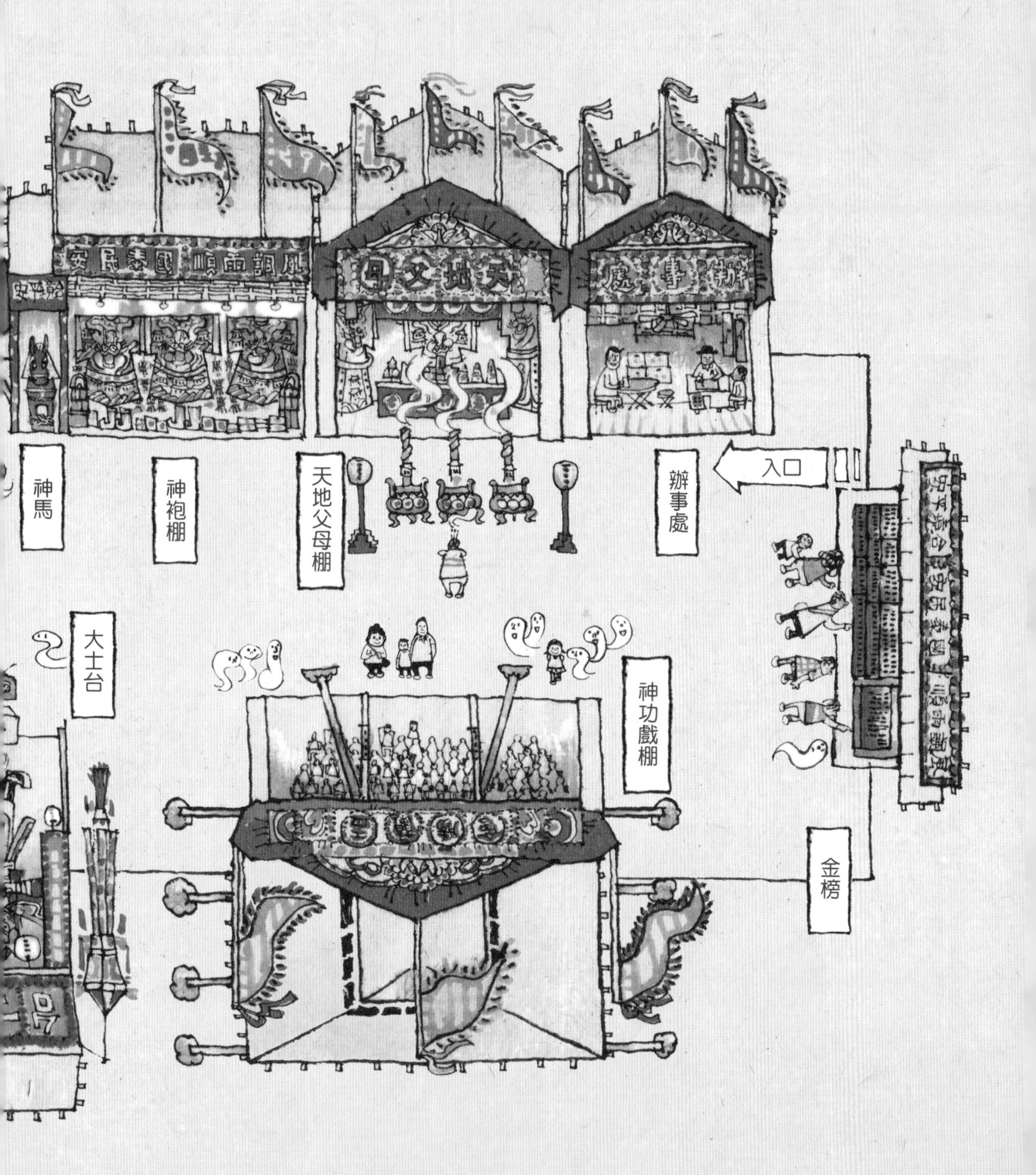

神馬
神袍棚
天地父母棚
辦事處
入口
大士台
神功戲棚
金榜

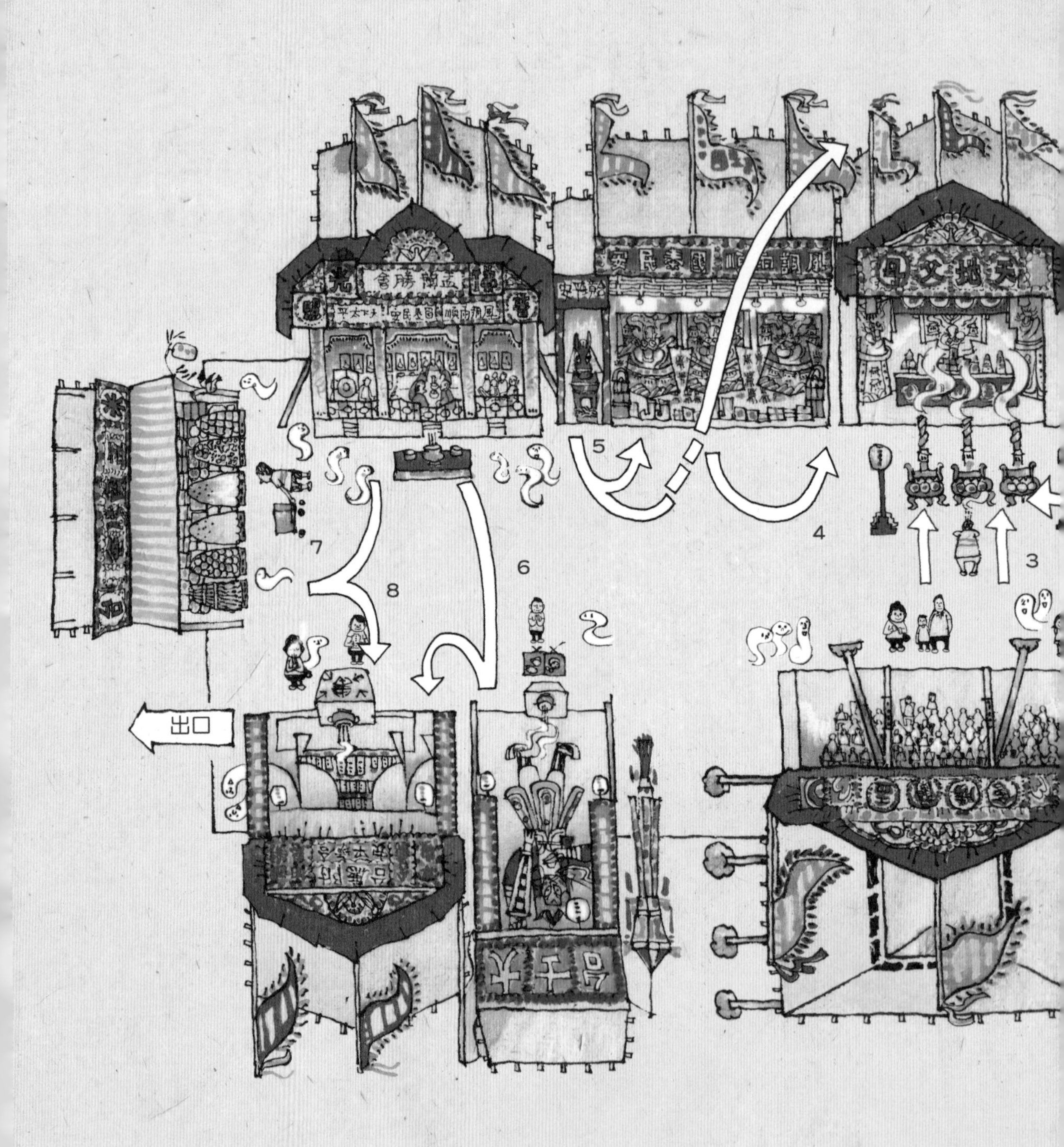
盂蘭勝會
出口
3
4
5
6
7
8

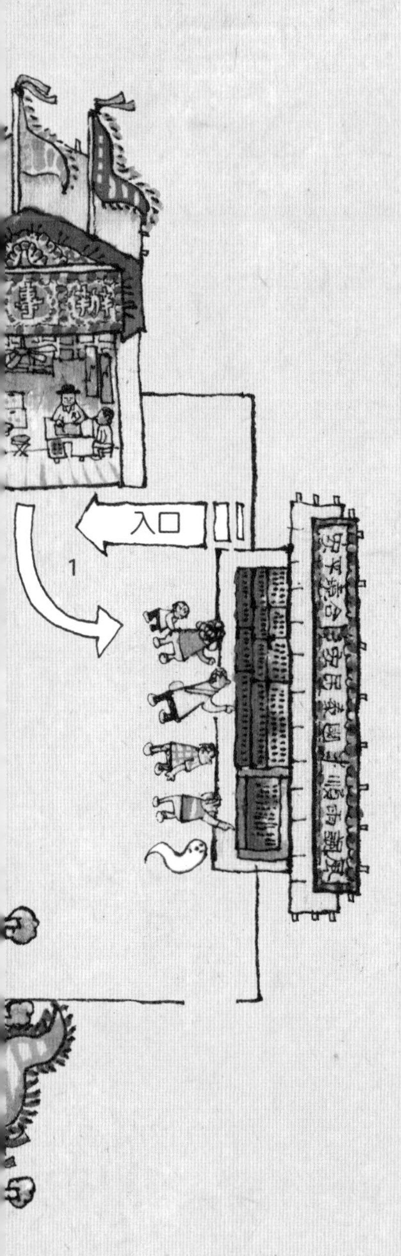

場地佈局關係圖

1　辦事處通常位於場地入口附近，方便理事接收善信捐款和接待客人，工作人員會把捐款人姓名寫在設置於入口處的「金榜」，同時前來的街坊便可從「金榜」了解左鄰右里的捐款情況，然後到辦事處捐款。所以辦事處通常設在「金榜」附近。

2　街坊善信在辦事處捐款後便會隨即到天地父母棚上香許願，所以天地父母棚又多設在辦事處旁邊。

3　神功戲是為了酬謝神明，所以最好是對正天地父母棚以方便神明觀看。

4　神袍棚內的三件大神袍和大金，都是獻給神明的，所以都放在天地父母棚旁邊。

5　神馬會把「金榜」及順便將街坊善信在天地父母棚所許的願望，回報上天庭，所以神馬多會在天地父母棚旁邊。

6　經師作法請來眾多神明，包括天地父母、眾佛、觀音和護法。而大士王更是觀音化身，負責坐鎮盂蘭勝會，監察孤魂施食維持秩序，所以經師棚總在大士台對面或附近，而且大士台一定安排在孤魂台和附薦台旁邊。

7　米棚內的食物，如包山、飯山、麵山等，會隨經師作法，在放燄口時用神通變成無限多的分量來分派給各孤魂，所以經師棚總在米棚旁邊。

8　經師棚總是在孤魂台和附薦台對面，方便孤魂和先人聞經聽法。

【入口】

辦事處

辦事處位於場地入口，是盂蘭勝會活動的指揮中心，用作接受善眾捐助香油和值理接待客人的地方。

金榜

金榜設於場地入口或辦事處旁邊，是會場的告示，用於公佈值理、商戶、街坊所捐贈善款和福品，也是公佈「盂蘭勝會植福金章」的地方。盂蘭勝會的籌辦者可榮登「盂蘭勝會普度金章」，捐款善信則可獲「金榜題名」。

盂蘭勝會的廚房會在舉行法事的三天裡，為所有工作人員做飯，包括經師、大戲和辦事處的各位工作人員，而辦事處外更是總理、各位理事等工作人員吃飯的地方。當超度儀式開始前，可以吃葷，但當儀式進行中，廚房只會提供齋菜，直至儀式結束。

馬棚

隨著送神儀式，紅色神馬會將「盂蘭勝會植福金章」和「金榜」送達蒼天。

如要為先人附薦，可到辦事處辦理手續。

盂蘭勝會是一年一度老街坊聚會的好地方，在辦事處總會見到老人家們圍著飲工夫茶，訴說當年往事。

金榜

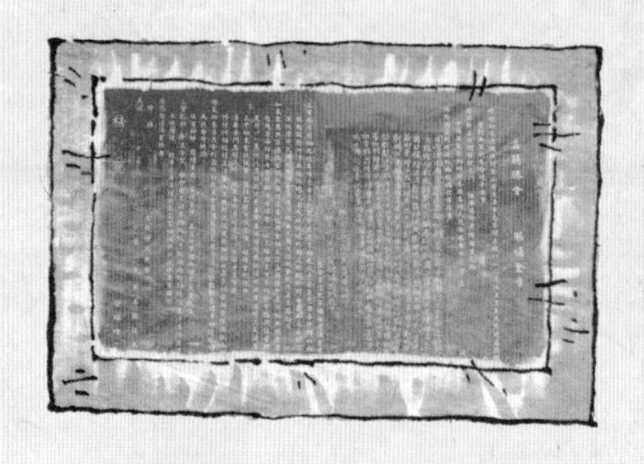

《盂蘭勝會普誦度金章》

佛社在盂蘭勝會開啟前，會先行掛榜，即將貼《盂蘭勝會普渡金章》或稱《盂蘭勝會賜福金章》，公告天地神人關於啟建盂蘭勝會緣由，所屬社區名稱位置及發起籌辦盂蘭勝會的值理姓名。闡述男女孤魂沉淪苦海，無主無依，正值七月地官大赦之期，集善信捐資，延聘佛社開啟法事。惟恐天魔外道未知事由侵犯壇界，為此合榜曉諭當界土地、監壇主吏、掌奏使者等，嚴護壇界，迎請「三寶佛」降臨，見證三天功德法事。願孤魂早登極樂，祈求家家納福，戶戶禎祥，老少平安，法事周隆。此《盂蘭勝會普渡金章》將會隨著送大士王儀式一起焚化。

金榜提名，多會找有書法工夫的叔叔代寫，像一場即場的書法表演。

當金榜寫好後，隨即用漿糊貼在入口旁的金榜板上。

【天地父母棚】

「天地父母棚」又稱「神棚」，搭成兩進式金字頂的竹棚，供街坊善信祈福許願，酬謝神恩。神棚通常位處於場地入口處，神棚的正面朝向神功戲棚，主要方便神明觀賞神功戲。附近是神袍棚、神馬、辦事處和金榜。神棚前進位置擺放各類神明香爐，後進位置則擺設各式各樣的奉神食品、潮式糕包及用於競投的福品。盂蘭盆是一個放滿供奉僧人日常用品的大盆，是佛祖叮囑弟子目連為他在地獄受苦的母親而設的，有消除惡孽的功用。

天地父母棚的擺設正正是一個放大了的盂蘭盆，放滿了各式祭品，每年由市民和街坊合力籌備，酬謝神明，以求風調雨順、國泰民安，並請經師為一眾先人、孤魂超度。

1 神袍
2 麵線塔
3 壽桃塔
4 蟠龍大香
5 素五牲
6 五果
7 齋菜
8 茶、酒
9 潮式糕包
10 油燈
11 花
12 衣
13 香
14 油
15 米
16 麵包
17 麵
18 食水
19 乾糧
20 水果
21 花
22 電筒

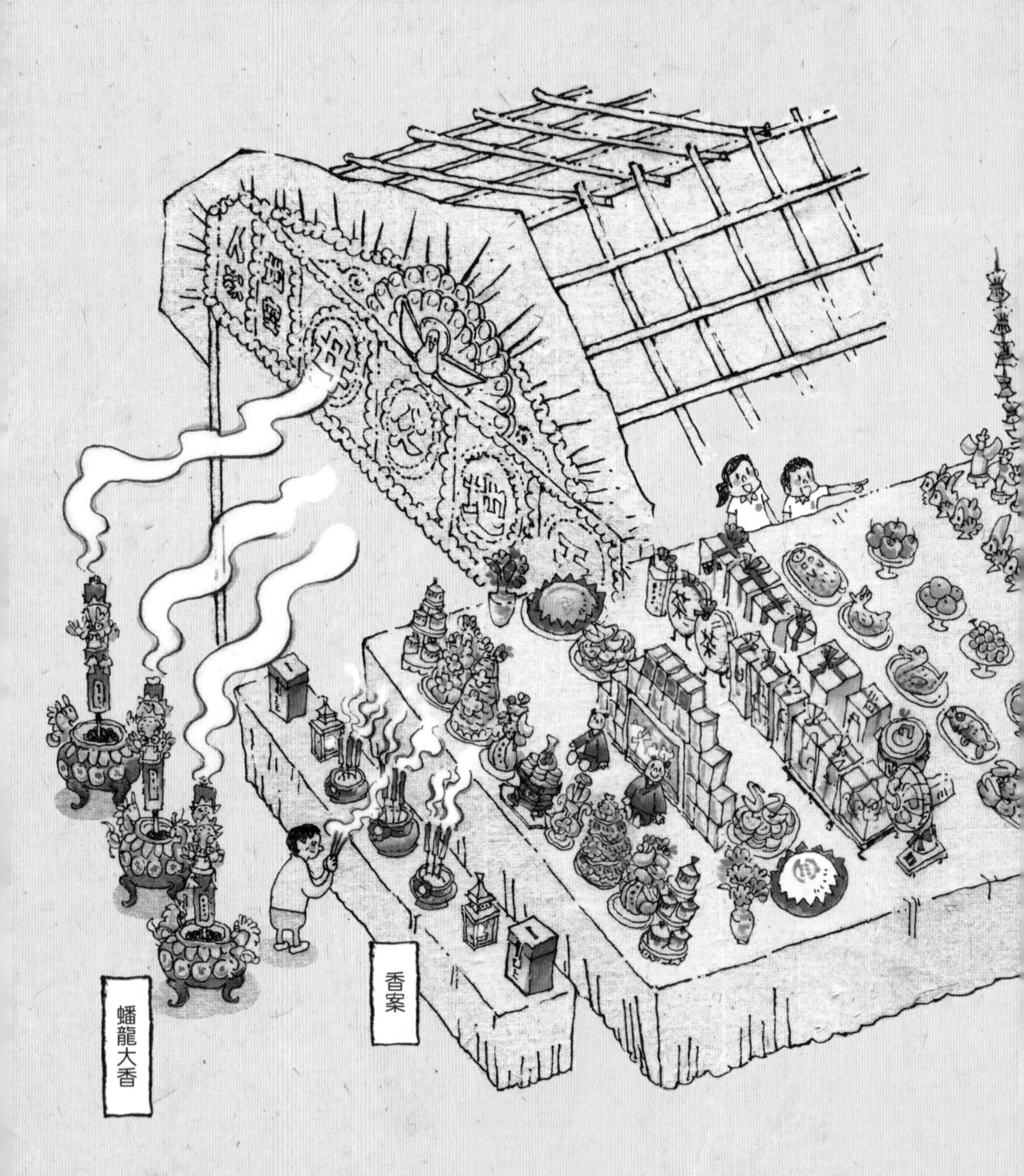
香案
蟠龍大香

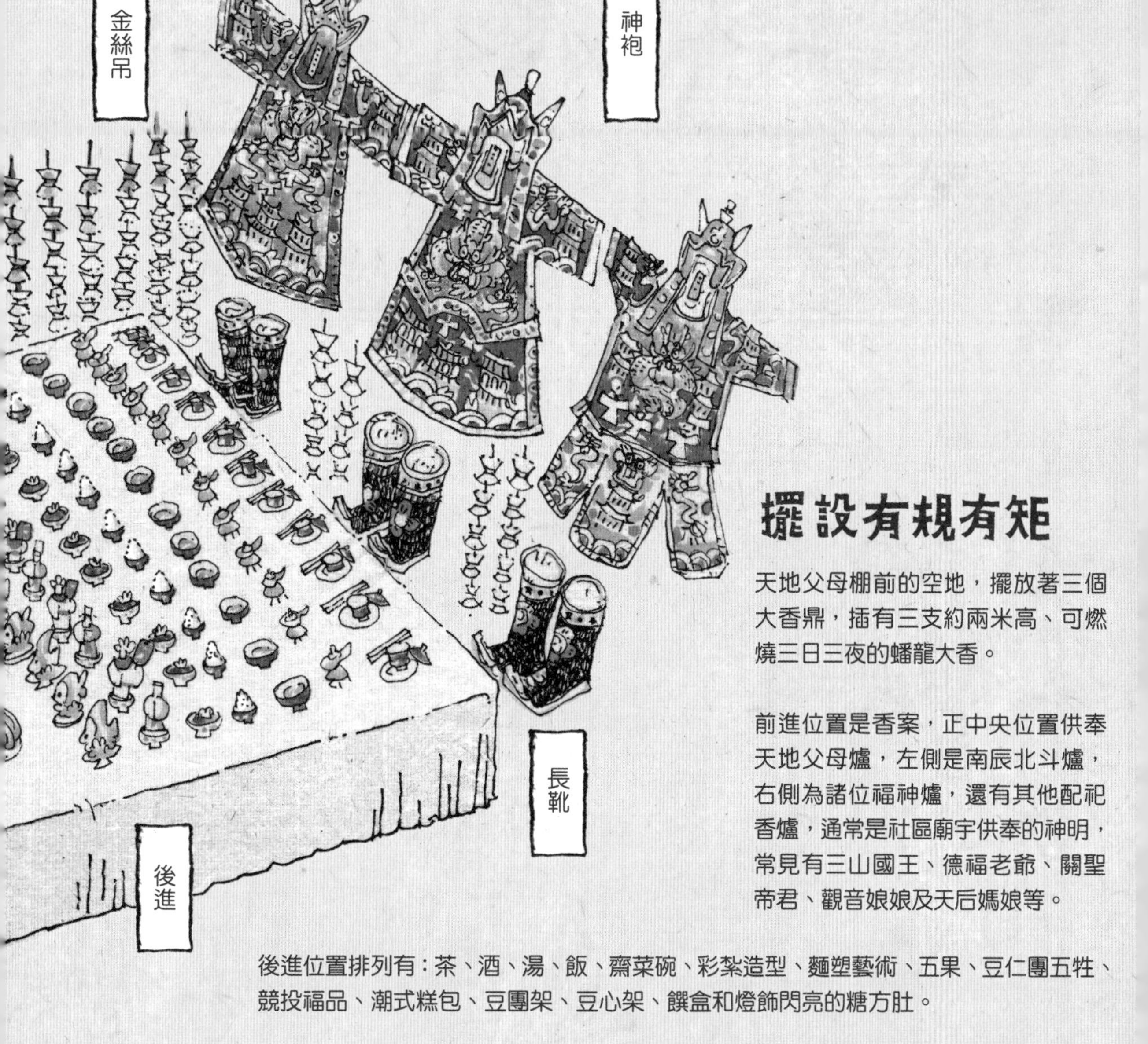

擺設有規有矩

天地父母棚前的空地，擺放著三個大香鼎，插有三支約兩米高、可燃燒三日三夜的蟠龍大香。

前進位置是香案，正中央位置供奉天地父母爐，左側是南辰北斗爐，右側為諸位福神爐，還有其他配祀香爐，通常是社區廟宇供奉的神明，常見有三山國王、德福老爺、關聖帝君、觀音娘娘及天后媽娘等。

後進位置排列有：茶、酒、湯、飯、齋菜碗、彩粿造型、麵塑藝術、五果、豆仁團五牲、競投福品、潮式糕包、豆團架、豆心架、饌盒和燈飾閃亮的糖方肚。

正後方近牆壁處放置有三套大型帝冠、腰帶和長靴。分別是獻給天地父母、南辰北斗、諸位福神的服裝配置。（詳見「三天法事日程」拉頁部分）

【神袍棚】

神袍棚內一般放有三件大神袍，分別敬奉給「天地父母」、「南辰北斗」、「諸位福神」，目的是為神明更衣換袍，以酬謝神恩。有些盂蘭勝會放置兩件或四件大神袍。兩件大神袍便稱之為「天地神袍」，分別敬奉給「天父」及「地母」。四件大神袍，其中一件是給社區供奉的主神。

人們要穿衣，衣裳舊了便要換新，
所以認為神明也要換新衣。人們於
是特地設計包羅萬有的神袍，希望
取悅一眾神明，祈求祂們的庇佑。

神袍解密

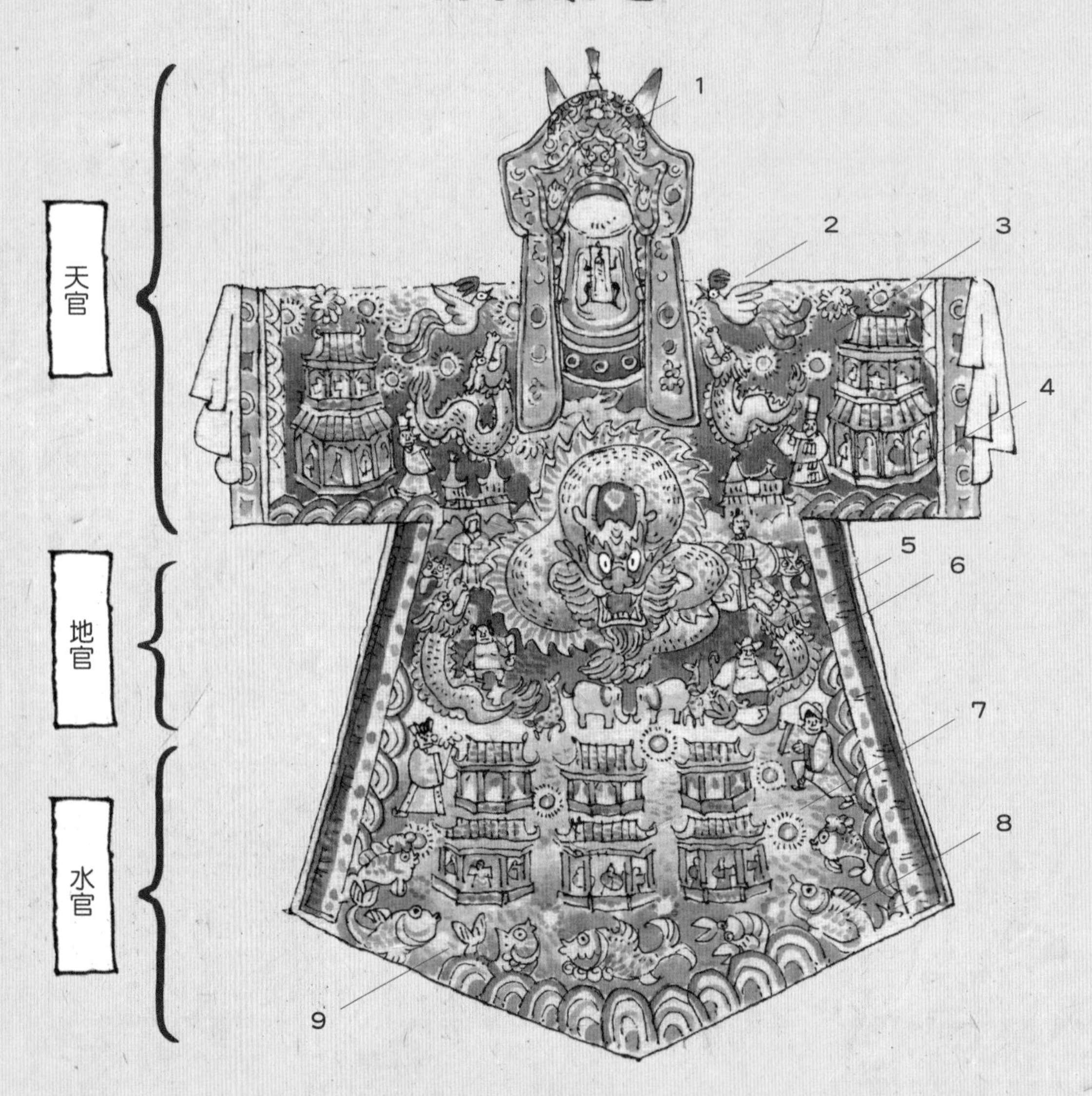

神袍整體圖案裝飾涵義，呈現在天地父母庇蔭下，都能獲得風調雨順、國泰民安、海不揚波的美好生活願景。神袍顏色鮮明，鑲嵌彩紮裝飾，構圖以天地相連，地水相依。

人們相信，天地父母換了神衣後，
各界便會風調雨順，煥然一新：

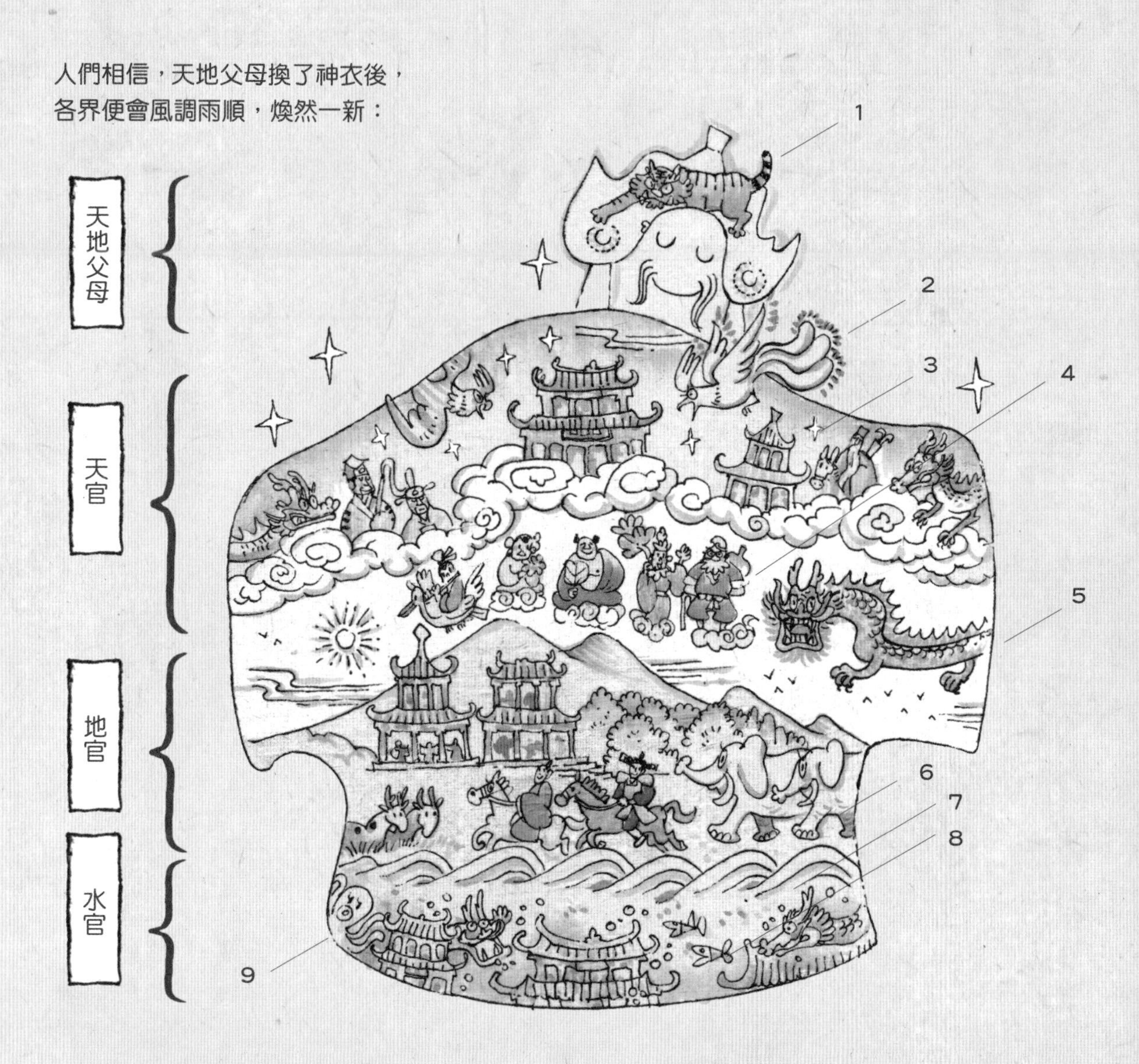

天界位於神袍的上半部，五條立體金龍以鳳凰瑞獸，八仙衆神圍繞，呈現大降吉祥，風調雨順的美好景象。腰段與袍袖以戲曲人物裝飾，展現人間國泰民安，歌舞昇平的歡樂盛世。水界在神袍下段構圖延伸至腰段兩側，以魚龍、錦鯉、蝦、蟹，悠然自得翻水暢游，海不揚波的吉祥境意。

1 老虎
2 鳳凰
3 天界美景
4 八仙
5 金龍
6 人間風調雨順的美景
7 平靜的水底世界
8 魚
9 深海生物

不同的神袍

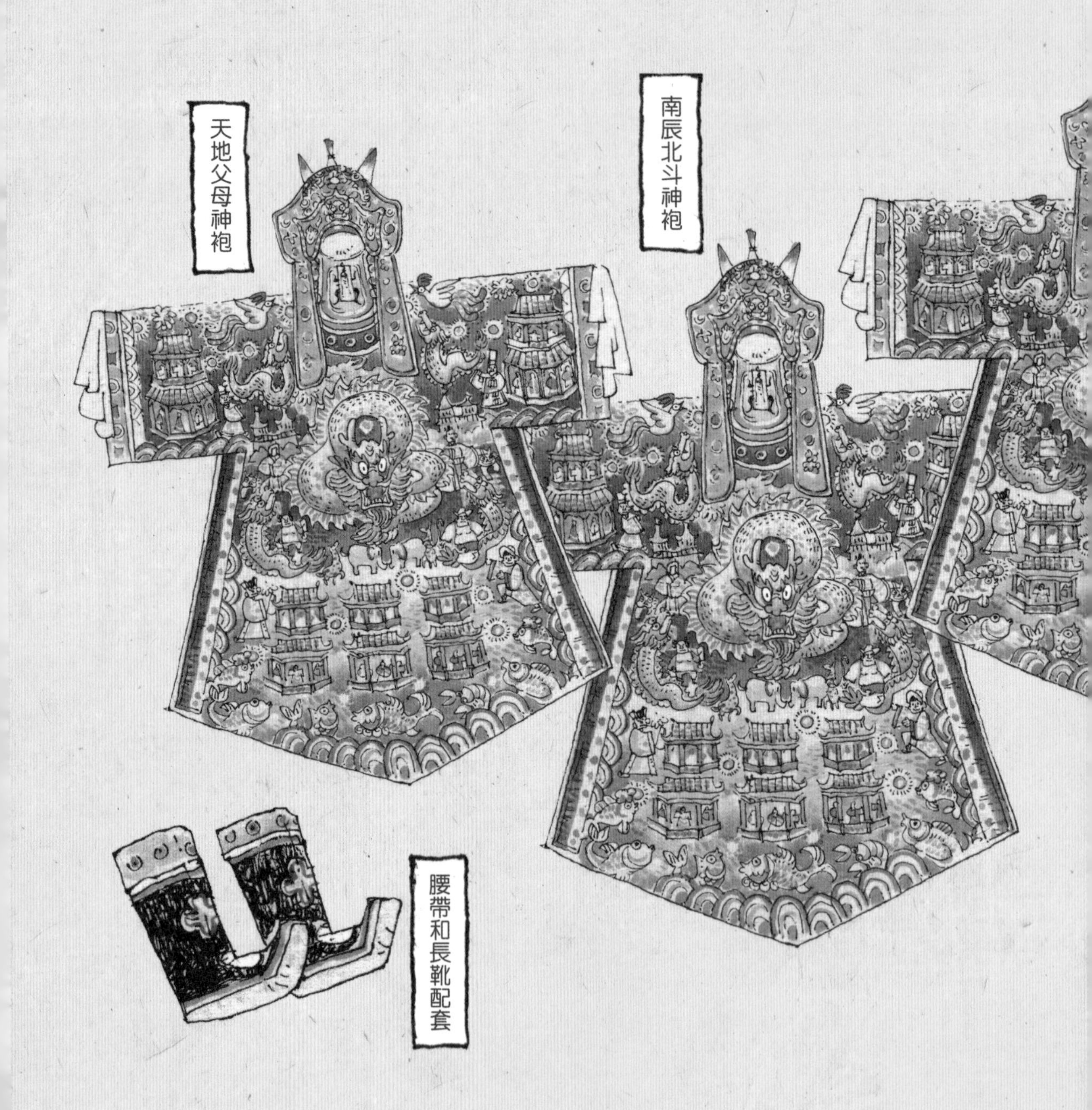

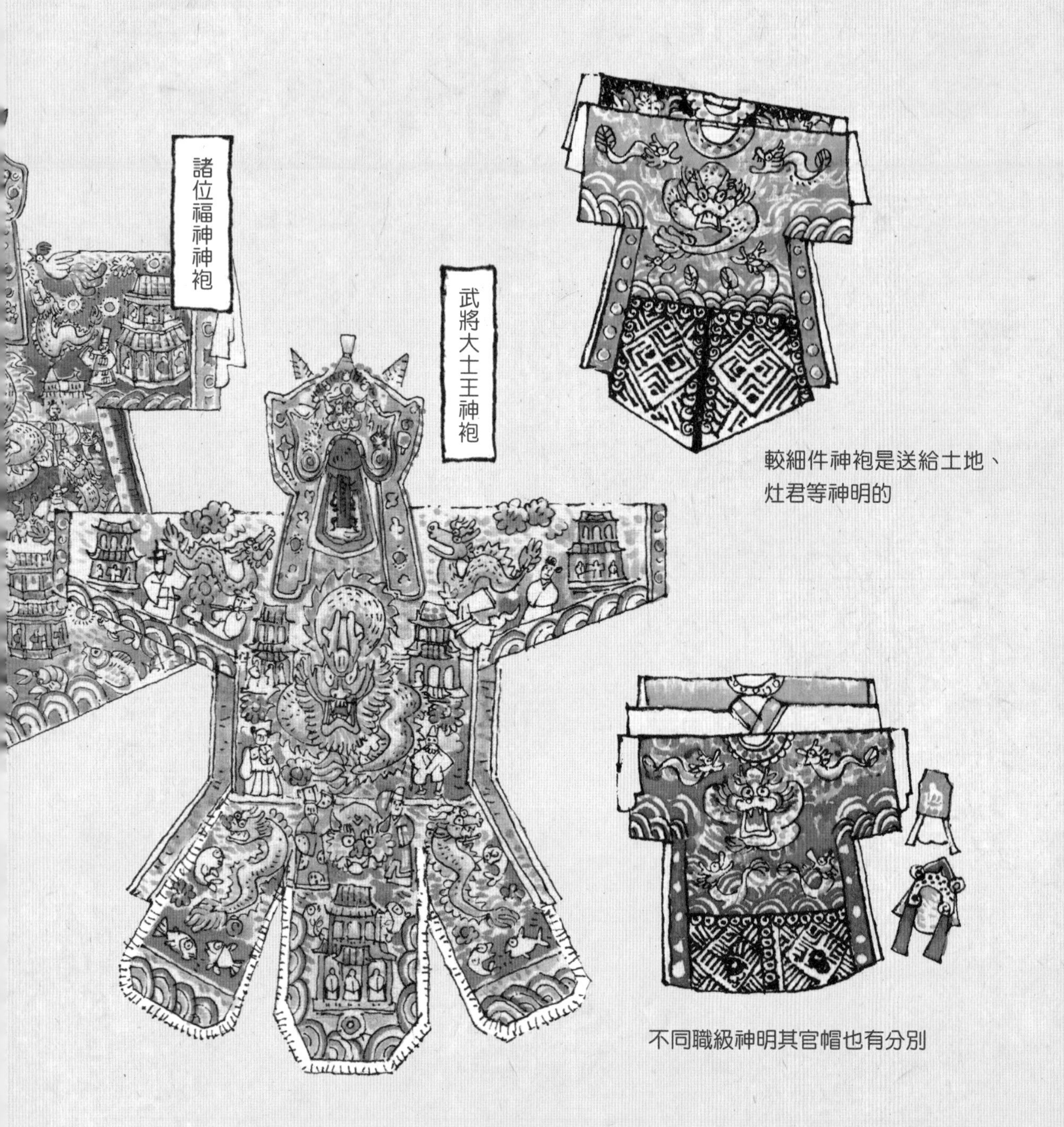

較細件神袍是送給土地、
灶君等神明的

不同職級神明其官帽也有分別

琳瑯滿目的祭品

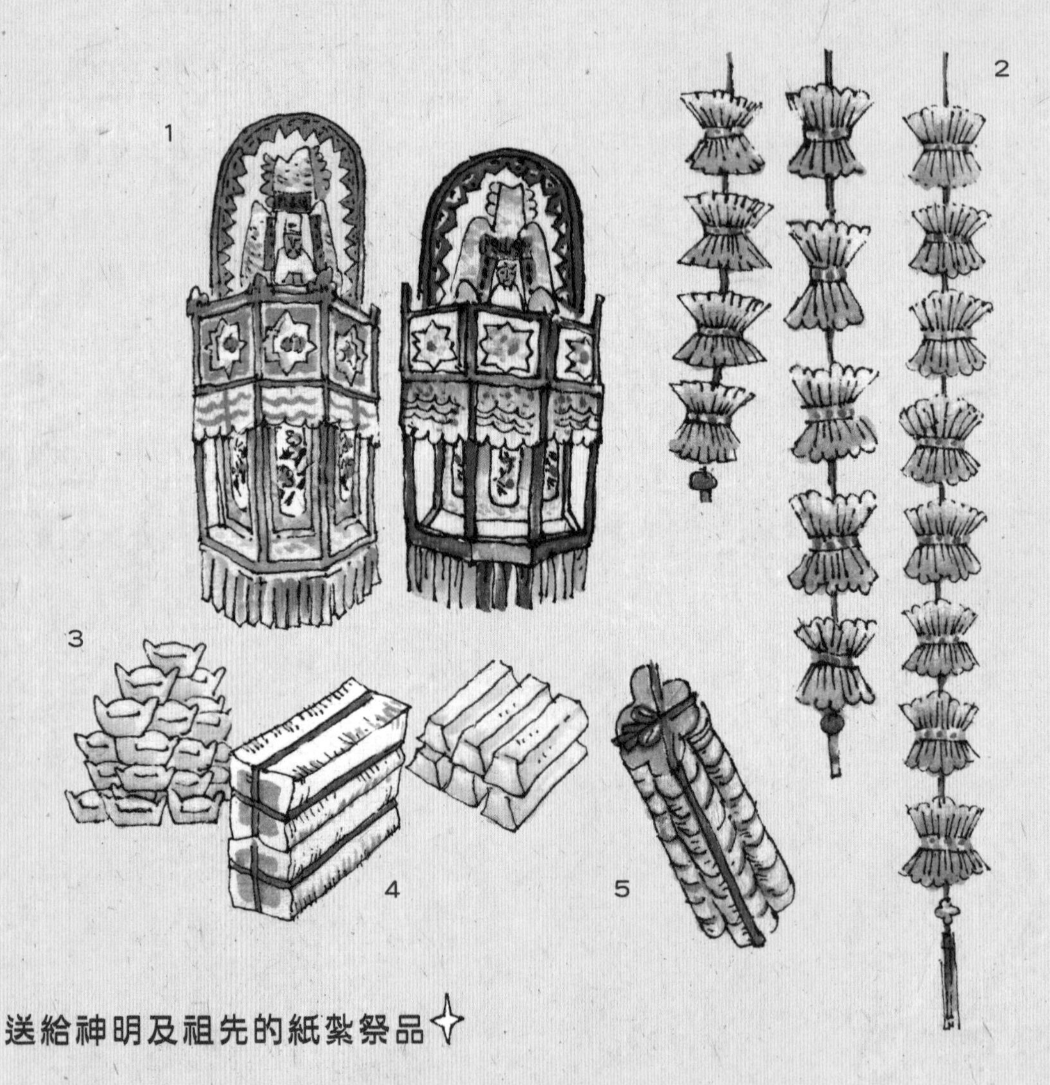

送給神明及祖先的紙紮祭品

1 金山和銀山，寓意有花不盡的財富
2 金絲吊飾是名貴的金飾
3 給先人的元寶
4 潮州大金可用於摺金絲吊及元寶
5 印有經文的往生錢

送給孤魂的紙紮祭品

1 接載孤魂往生的法船
2 給孤魂的紙鞋
3 用於做衣服的七色布料
4 配有女性衣服和鞋的衣箱
5 潮州孤衣包含套裝用品
6 日常生活用品
7 配有男性衣服的衣箱

紅色神馬

紅色神馬通常位於神袍棚附近，職責是往來人間天界，呈奏願景，為百姓祈平安、賜福澤。神馬又稱「馬爺」，口嚼春草（一種長年生長、生命力旺盛的植物），馬背配戴金絲吊金飾。神馬前方位置放有通菜和白米烏豆，白米烏豆給神馬沿路除穢氣，通菜寓意路上亨通。

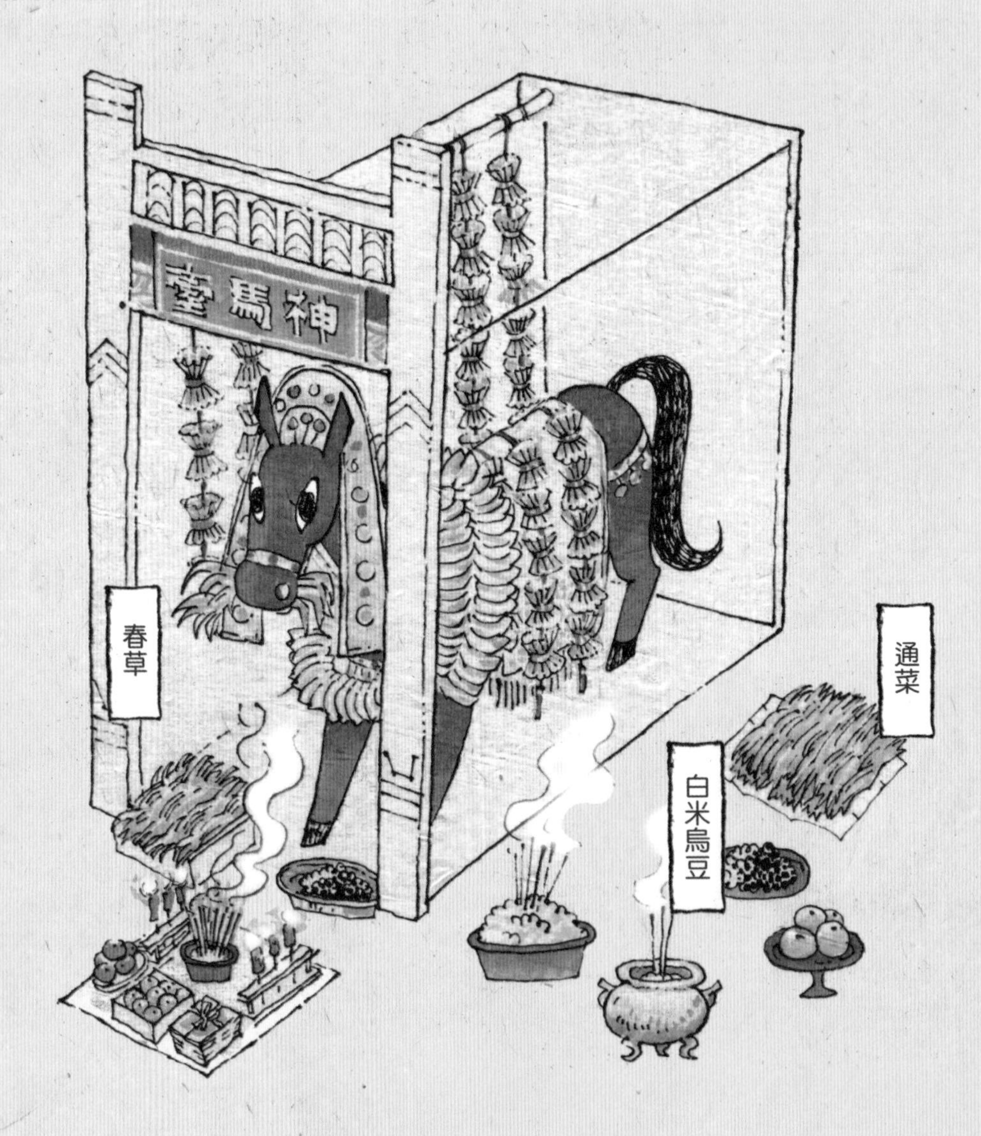

神馬的工作大概是：

1

經師向上天報告金榜，即當屆盂蘭勝會的資料、總理和理事名單。

2

經師朗誦完畢，便把金榜和春草一同交給神馬。

3

盂蘭勝會結束當天，晚上有送馬爺儀式，會將「金榜」連同財寶奏疏一起焚化。

4

寓意將街坊信眾心願，一起呈奏上天，隨天賜福。

【經師棚】

經師棚的位置多位於盂蘭勝會場地後半部，附近是大士台、孤魂台、附薦台和米棚。經師棚的擺設和儀軌，已融合佛、道兩教文化。潮人盂蘭勝會採用潮式佛教儀式，由潮籍佛社經師主持，經師是以潮州話配奏廟堂音樂，以其派別腔調板式唱誦經文施演儀軌。經師是佛教俗家人，有別於僧人，和常人般起居飲食無異。他們是從事佛事科儀的職業者，代替僧人登壇作法，故又稱「儀式專家」。

在盂蘭勝會期間，經師職責除了為信眾祈福消災外，更重要是超度在地獄道未能輪迴的亡魂，為他們除去生前所犯的罪障。滅障首要是先勸導亡魂懺悔，承認生前所犯的過錯，繼而做功德積福，並給予孤魂心理輔導，勸喻放棄過往的執著。

經師棚佈置圖

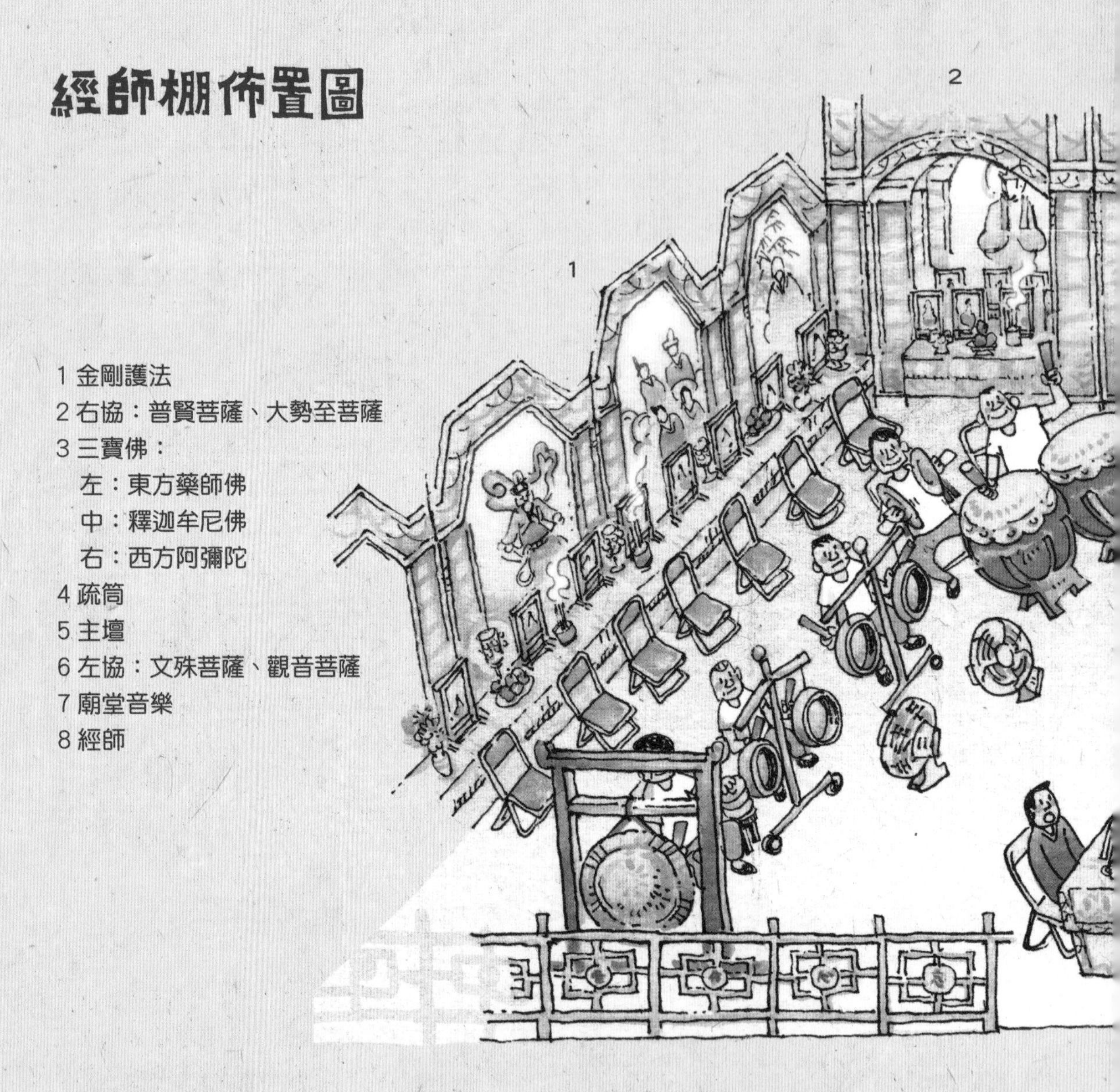

1 金剛護法
2 右協：普賢菩薩、大勢至菩薩
3 三寶佛：
　左：東方藥師佛
　中：釋迦牟尼佛
　右：西方阿彌陀
4 疏筒
5 主壇
6 左協：文殊菩薩、觀音菩薩
7 廟堂音樂
8 經師

經師棚內正壇中央前方懸掛三幅畫像，中央為釋迦牟尼佛、左方是東方藥師佛、右為西方阿彌陀佛，合稱為「三寶佛」，亦稱橫「三世佛」。正壇左脅侍為文殊菩薩、觀世音菩薩；右方是普賢菩薩、大勢至菩薩。正壇內兩側分別掛有菩薩、護法及天王等的畫像。經師棚內的裝潢掛帳以多進式佈置，氣氛莊嚴，具有浮雕效果，以金銀線為主的潮州刺繡。正壇前的菩薩畫像。

貼有寫著法事名稱的長方形黃色疏文，當完成每度法事儀式後，疏文會和仙鶴、大金、元寶等，由長老送往化寶爐化掉，寓意仙鶴負責將疏文呈報蒼天。

三日經師科儀是做什麼？

盂蘭勝會經師棚三天法事日程：

首日法事「道場初啓」以鑼鼓開壇，隨即發關淨壇、啓請諸佛菩薩降臨道場，接著是開光安爐位，將道場各處奉置香爐開靈光，此時香爐與諸佛菩薩神明無異。下午「寶懺宏開」經師誦唸首場懺悔經文，晚上施演「金山供佛」，恭迎諸佛菩薩加持盂蘭勝會，之後是「首晚安息」，誦唸超度經文，以結束當天日程。

第二天早上「首早灑淨」以灑淨法事開始，繼而誦唸懺悔經文，中午十二時前「午供」供養諸佛菩薩。下午誦唸懺悔經文，晚上施演「普門獻花科儀」祈福拜觀音，最後「次晚安息」誦唸超度經文完成一天日程。

第三天「次早楊淨」以淨壇開始，繼而豎幡科儀，金山十獻，午供。下午放焰口，祭好兄弟，送大士王。晚上施演「北斗消災延壽妙經」祈福拜北斗，最後「道場圓滿」以謝佛散旗，恭送諸佛菩薩離去，圓滿三天法事儀軌。接著送神回廟，結束盂蘭勝會三天活動。

經師棚上還可以看到：

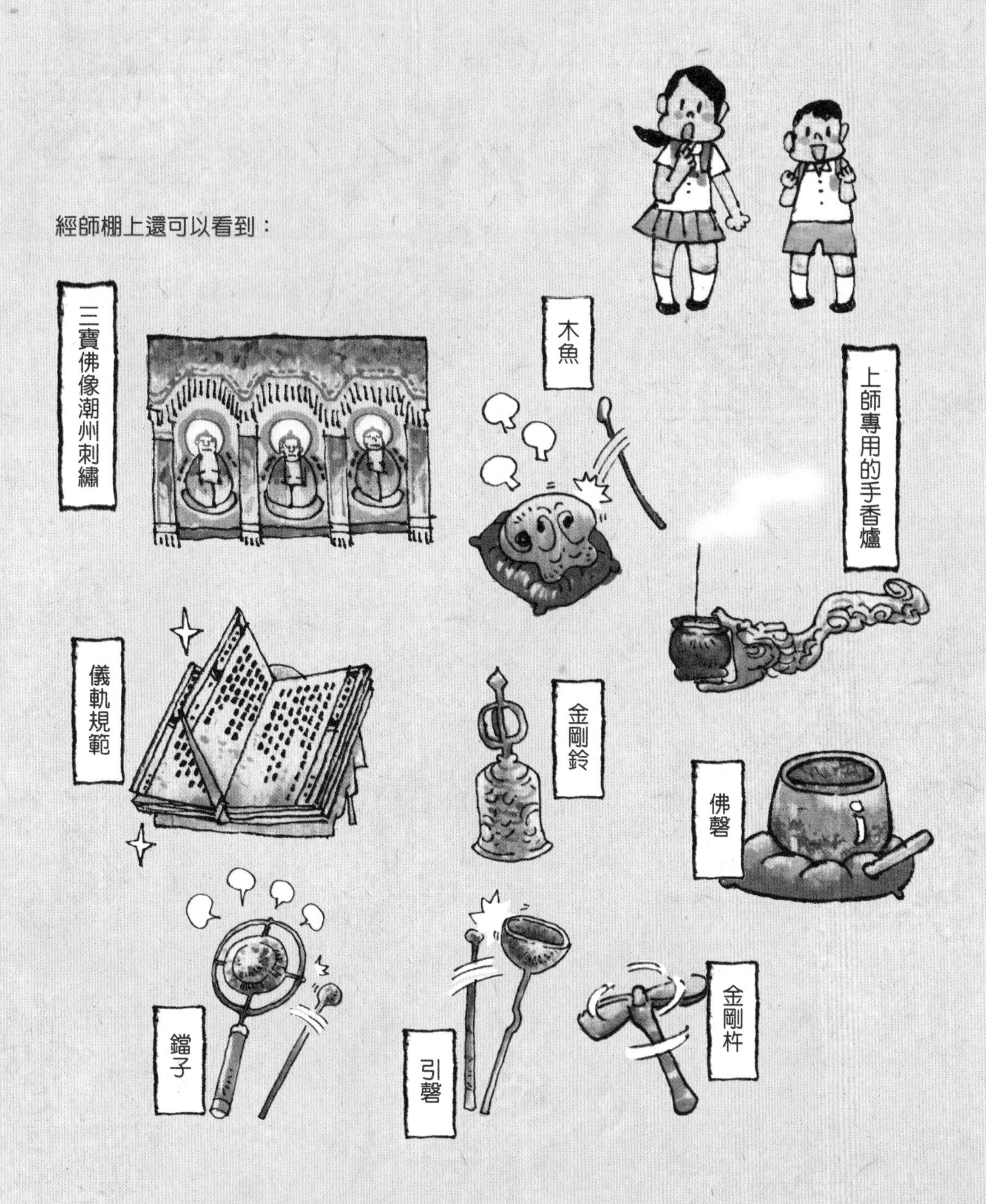

潮州廟堂樂

鈸
小鈸
吹簫
大鼓
深波
善堂
善堂

金剛上師的超能力

1

先由總理在上師前進行請師儀式，接著上師在壇前誦經說明興辦法事緣由。

2

加持法器，持淨水瓶，誦經文灑淨道壇。

5

上師戴上五方佛冠，象徵佛已經登壇。

6

上師唸誦咒語，結手印，作觀想結界，進入另一空間。

7

唸誦變食真言，將祭品轉變為無限量。

3

昇座請聖，迎請諸佛菩薩降臨道壇。

4

恭敬供養，將世上最珍貴的全部奉獻給諸佛。

8

上師將孤雷粿撒向壇前，作為甘露飲食，
施以十方孤魂眾生。

9

施食過後，上師為孤魂消罪孽，振動金剛鈴，
送走孤魂野鬼。

【米棚】

米棚內放置大量由街坊善信捐贈的白米及日常用品。主辦組織會在盂蘭勝會最後一天的上午，在米棚擺放大量祭祀孤魂的食品，包括五色飯山、甜飯山、白飯山、包山、麵線山、通菜山、甜飯籮、白飯籮、芽菜豆腐、水果等。這些食品都是用於「放焰口」儀式，以布施孤魂餓鬼，法事完成後隨即分派給有需要人士。

食物

白米本身有其靈氣和實型，我們所吃是白米的實型，給孤魂眾生享用是白米的靈氣。

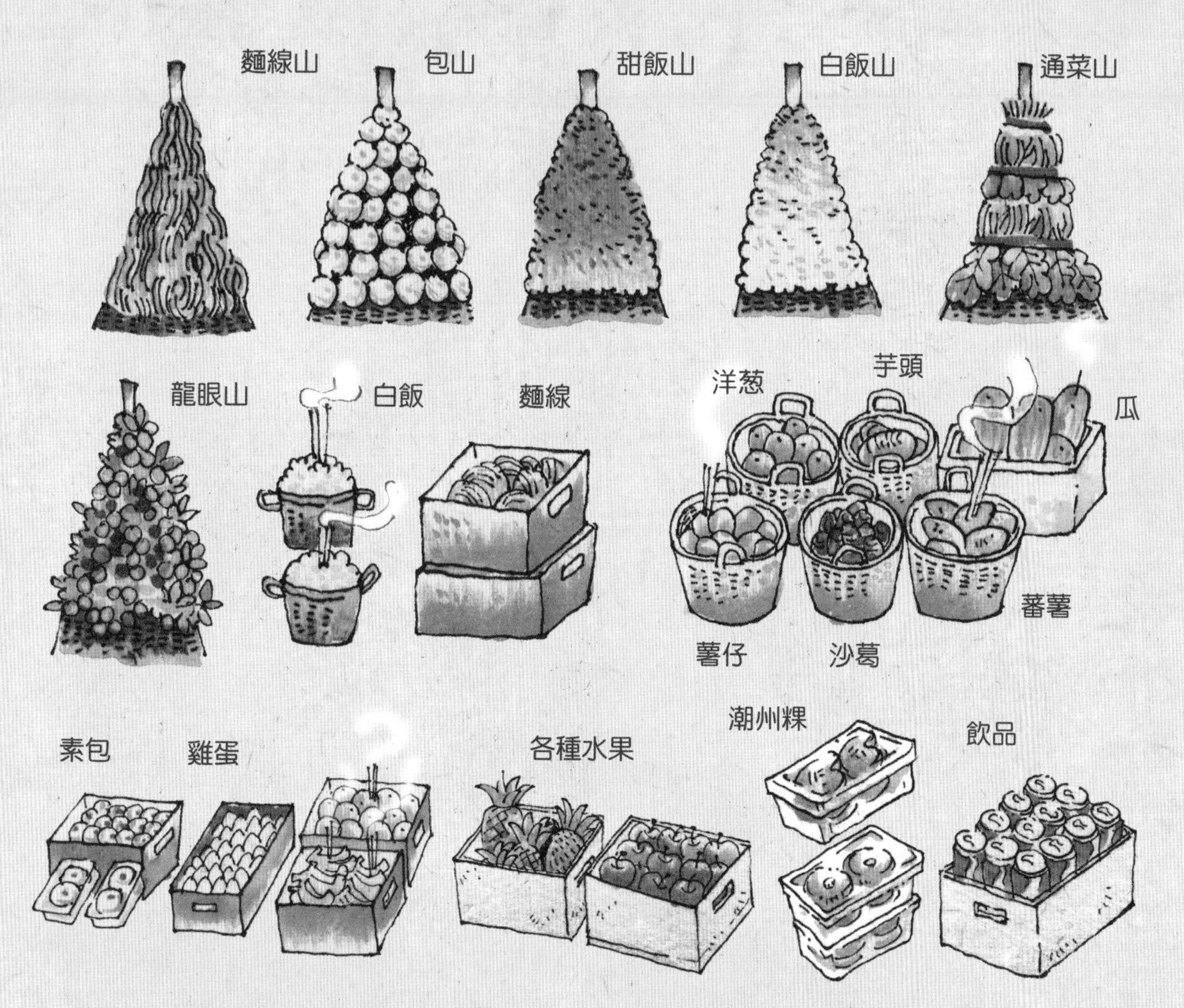

施食法事，是通過上師與諸佛結界進入觀想境界。藉唸密咒，結手印將粒粒白米轉入另一空間，化為千萬粒甘露美食，召請孤魂眾生前來享受甘露美食。而捐贈白米者，可迴向消災納福，遇事吉祥。隨著施食完畢，白米實型依然存在，但靈氣本質已變。舊時平民百姓普遍貧困，因此為免浪費會分發給有需要的人，從而達到濟貧目的。

日用品

派米濟貧

在六、七十年代，香港潮人盂蘭勝會的派米濟貧活動，是延續清末民初潮汕地區施孤節缺乏有效管理、互相搶奪祭品的搶孤濟貧活動，後期經過改良發展，成為有秩序的派米活動。派發祭品包括白米和生活用品，以扶助社會貧窮基層。

廚房

廚房多設置在辦事處後方，專職人員會在三天盂蘭勝會活動中提供三餐伙食給理事和工作人員。廚房常備有大鍋潮州粥及各式菜脯、鹹菜、橄欖菜、黃麻葉、春菜等傳統潮汕食品。廚房也能製作甜飯山和白飯山等祭品。

潮州粥

【孤魂台·附薦台】

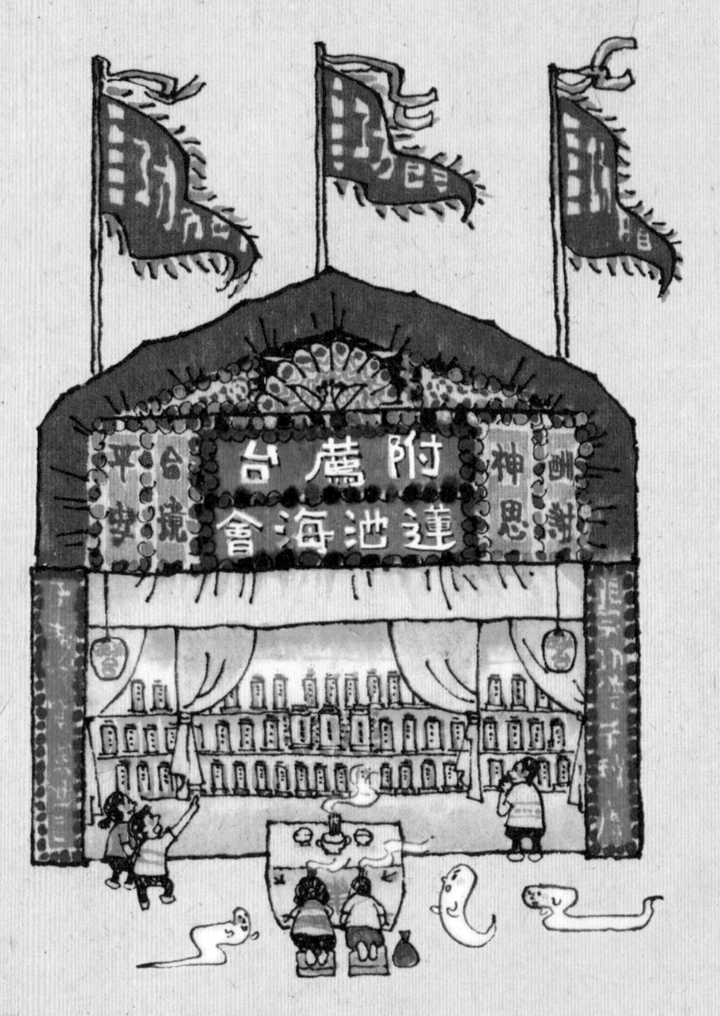

孤魂台用於放置各類孤魂蓮位（祭奠列代神明、聖賢、祖先及亡者的木牌），供人祭拜遊魂野鬼，而附薦台則是附薦（立紙位讓亡靈附上，使其受供、聽經）街坊信眾先人的地方，供人祭拜先人。孤魂台設在經師棚對面或側面，方便孤魂聞經聽法。潮汕民間稱孤魂野鬼為「孤爺」，孤魂台的佈置以藍白色為主，有些盂蘭勝會將孤魂台和附薦台置於同一竹棚內。

1

正中央處豎立三個紙製蓮位，分別寫有「河沙十類男女孤魂由子蓮位」、「本港歷年意外罹難幽魂蓮位」及「附薦本會各人之先靈蓮位」。

2

孤魂台旁邊懸掛「樹高燈」又稱「竹竿燈籠」，在宋代稱為「燈篙」，就是將燈籠懸掛在一支長竹竿頂部，然後豎高，目的是召喚各方無主孤魂前來法場受祭。據說「燈篙」的高度與召引孤魂數目成正比例，如燈篙豎立過高，而祭品不足，會因孤魂過多而引起混亂。

3

街坊會帶備衣包紙錢，在會場專用火爐內焚燒給附薦先人。

4

信眾可帶備先人喜歡吃的齋菜拜祭

5

街坊信眾捐獻一些香油錢，便可將先人的名字寫在紙製蓮位上，給他們聞經聽法。

道教全真派科儀

盂蘭
勝會法事科儀除
了潮式佛教外，還有
道教全真派對於附薦
先人的救贖關懷：
「破地獄」。

沐浴

破地獄指由高功法師打開地獄之門，引領先人（附薦牌位）離開地獄，然後沐浴、過橋，最後是昇登仙界，或進入輪迴。街坊善信的先人經過聞經懺悔之後，得以脫離地獄，先人的形體由於經歷沉淪地獄時受盡苦難之罪罰，已殘缺損破，應先受靈水沐浴，滌除垢穢。

過金銀仙橋

過金銀仙僑是先人超昇往生的過程，道士手持靈幡，引領街坊善信手抱先人附薦牌位，按次順序走過金銀仙橋，表示其先人將會轉世為人或升仙而去。

【大士台】

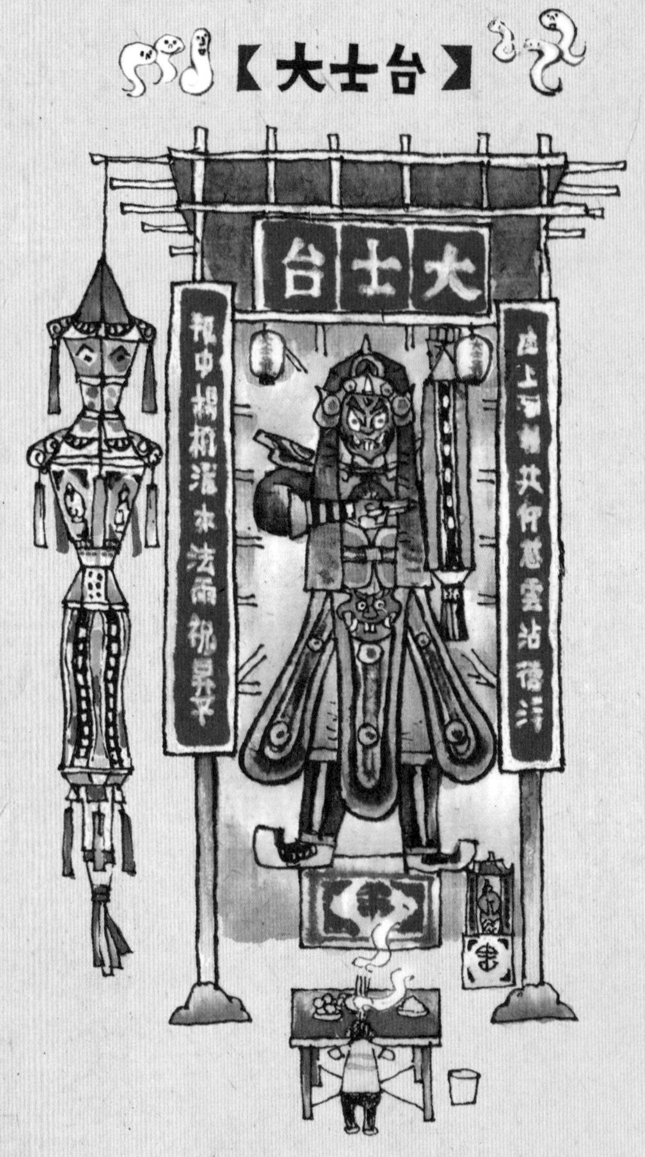

大士台的正面須朝向經師棚，「大士王」又稱「鬼王」、「面燃大士」、「焦面大士」、「焰口鬼王」或「大士爺」。潮汕民間稱為「孤王」或「孤聖老爺」，是觀音大士的化身。大士爺像的展示方式，分別以竹架紙糊紮作或懸掛畫像。大士爺的職責主要負責監壇施食，維持法場秩序。

大士爺額前
置有觀音像

由竹架紙糊紮作而成的大士爺像，約四米高，頭戴冠帽，額前置有觀音像，雙目猙獰青面獠牙，雙腳直立，右手微抬，左手高舉「南無阿彌陀佛」。

大士爺燈籠

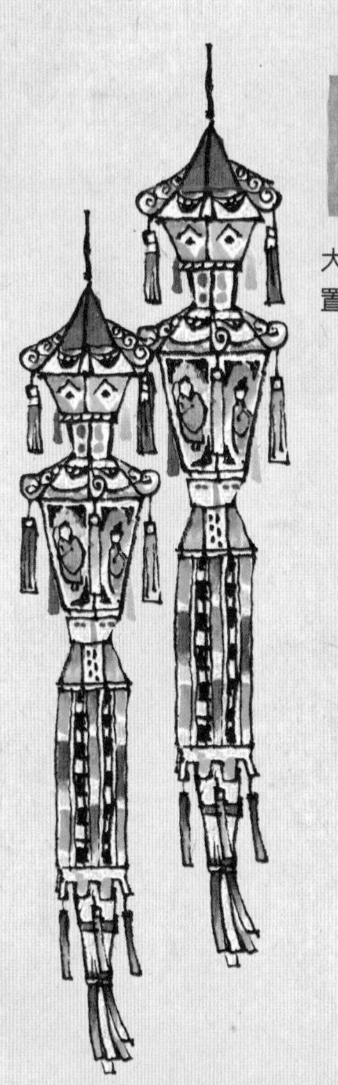

大士台旁懸掛有大型幢幡，用意是召引無主孤魂前來法場聽經聞法。

大士王的故事

「瑜伽焰口」是源於「阿難遇面燃鬼王」佛經故事：昔日釋迦牟尼佛的侍者阿難尊者在林間修習禪定時，看見由觀世音菩薩化身面貌醜惡的鬼王，口吐火焰，頂髮煙生，肢體關節走路時有如破車之聲，咽喉似針鋒之細，來到阿難尊者面前。此怪異物自稱「面燃鬼王」，說阿難在三天之後壽命當盡，將會墮入餓鬼道，想避免就要布施百千餓鬼及百千個婆羅門仙人，各施一斛飲食，並供養三寶。阿難大驚，急向佛陀稟報，佛陀告訴阿難《佛說救拔焰口餓鬼陀羅尼經》，囑咐阿難按此經所說施食之法去做，便能施飲食予恒河沙數餓鬼及諸仙等，不但不會墮落入餓鬼道，還能延年益壽，諸鬼神等常來擁護，遇事吉祥。

觀世音菩薩化身為大士王，刻意製造與阿難尊者相遇的機緣，這樣才可以將施食法廣傳開去。大士王頭頂有觀音造像，目的是見證施食儀軌，這種延壽法門除了可以產生無量功德去度受苦孤魂，同時可以回報在生父母，乃至於自己都可以增福延壽。

觀世音菩薩化身為大士王見證施食時刻，莊嚴儀式在進行時大家不要四處走動，因為對那些孤魂來說這是千載難逢的機會，故他們十分珍惜，跪在壇前合掌留心細聽，接受施食，在這殊勝時刻聚精會神聞法受度，我們應該用同樣的心對待。

形象多變的大士王

盂蘭勝會的大士王造型樣式，可按族群區分為潮州式、鶴佬和廣府等。

頭戴冠帽，額前有觀音像，青面獠牙，雙腳站立。

頭有雙角曲髮，頭頂觀音像，啡面獠牙，赤腳，左腳提起，右腳站立。

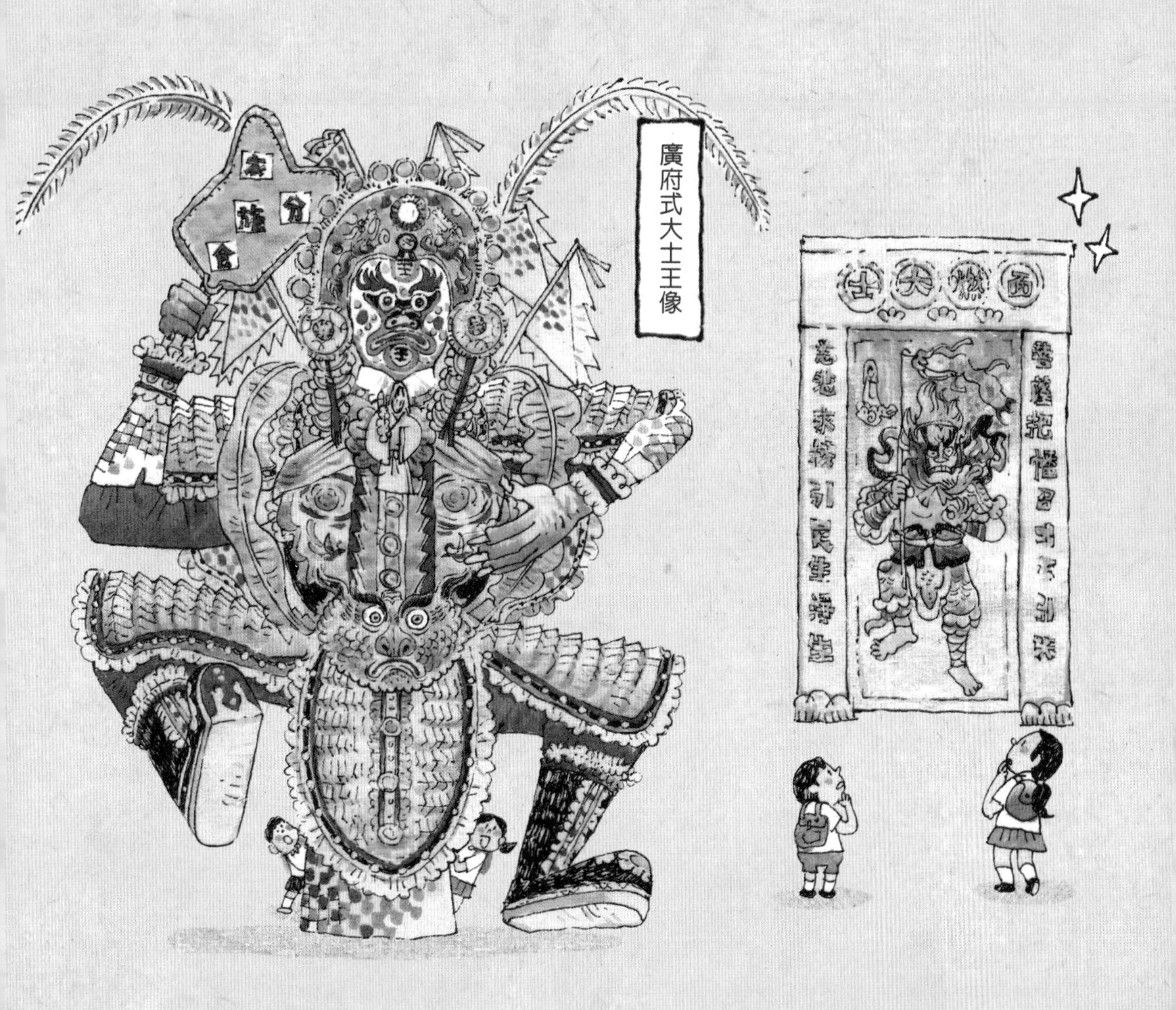

白面，頭戴冠帽，肚大，胸前有觀音像，
雙腳外伸呈半坐姿勢。

也有採用繪畫形式，將大士
王畫像，懸掛在大士棚內。

【神功戲棚】

潮州戲又稱「潮劇」，明清時期稱為「潮腔」、「潮音戲」，已有四百多年歷史，是宋、元南戲的一支。按照潮汕舊俗，每當節日喜慶，酬神祭祖，多在宗祠或神廟前空地搭建戲台，公演神功戲，以供神明娛樂，故神功戲棚正面是朝向神棚。盂蘭勝會組織者從廟宇迎請神明到神棚供奉，給街坊善信酬神許願之餘，更安排神功戲給神明欣賞，以酬謝神恩，與街坊同樂，因此做神功戲意指「做功德」的意思。

破台

1

破台儀式進行時，戲班演員一律禁止說話，戲台中央會擺放元寶、香燭、水果、魷魚、白米等祭品。一名黑衣花臉演員扮演「鍾馗」，首先跪在戲台中央進香。

2

隨著在緊促的鑼鼓聲中手持三叉步走，先走入後台，再返回前台，向台前四角方向以三叉刺去。

3

同時有兩人跟隨其後，一人撒鹽，一人撒米。

4

最後演員用力將三叉插在戲台中央，隨即將元寶捧到台下焚化。昔日淨棚儀式會採用活公雞，現在由於衛生法例限制，基本已改用三叉代替。

表演前

1

潮劇表演前兩小時，各位演員都會帶上私伙工具箱，在台前台後找個好位置上妝，是盂蘭勝會其中一個有趣的景點。

2

不少女演員會帶備帳幕，架在後台，方便更衣睡覺，成為她們的小天地。

3

有資深演員會邊上妝，邊打座和喝功夫茶。

4　後台掛上了一串串不同長度、顏色和形狀的假鬍子，方便演員隨時戴上。

5

後台厚重的木櫃內，擺滿了琳瑯滿目的頭飾頂戴，像寶物箱。

潮劇後台供奉的三位太子爺，只有男性才可以上香。神檯布幔通常繡有「翰林院」三隻字。神壇內有三位太子爺，有時更有田元帥，非常熱鬧。

6

7

在鏡子裡反射到花旦戴上頭飾的一刻，是最令人怦然心動的畫面。

8

擺放頭飾的人偶，總是有點詭異。

9

為了令演員顯得更高挑，台下觀眾看得更清楚，女演員穿的鞋子通常都加厚好幾寸。

例戲

每天正式公演神功戲前，戲班會循例先演名為「五福連」的劇目，潮汕人稱為「扳仙」，演出時間約三十分鐘，演出次序分別是《十仙賀壽》、《跳加冠》、《仙姬送子》、《唐明皇淨棚》和《京城會》，五套具有吉祥意義的劇目，主要是祝賀主辦團體。

1

《十仙賀壽》，演十仙赴瑤池為西王母祝壽，結場的舞台畫面還構成一個「壽」字。

2

《跳加冠》，「加冠」即「加官」。 表演者面戴假面具，手執玉笏，扮演天官，有升官發財的含意。

3

當公演《仙姬送子》，扮演董永和仙姬的演員會從台中央梯級走下，穿過觀眾席到達神棚，仙姬將代表太子的人偶送給籌辦機構負責人，兩位演員向神棚上香三跪拜，然後負責人贈回紅包給兩位演員，隨即返回戲台上，有祝願多子多孫的寓意。

幕後

1

舞台左方是敲擊樂，有鑼、鈸，而且有樂師一人分飾多角，靈活地敲打大小不一的鼓、梆子和響板，大大加強了戲劇的趣味性。

2

舞台右方是弦樂，有二胡、揚琴和大提琴等，中西合璧。

3

神功戲棚內不時有人賣藥油

4

有時三太子人偶被供奉在天地父母棚上看神功戲

5

在弦樂隊旁邊有個燈光音響的控制台，十分專業。

6

演戲期間，在戲棚外總有一些傳統小吃和手工藝售賣，令戲棚像個嘉年華會，十分熱鬧。

表演後

1

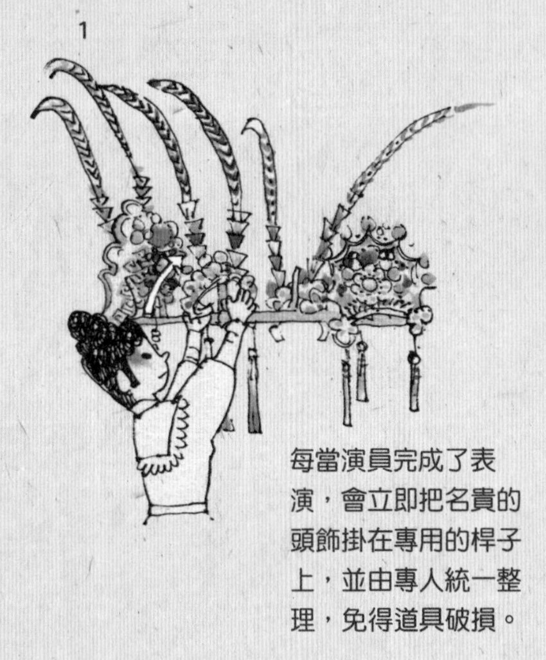

每當演員完成了表演，會立即把名貴的頭飾掛在專用的桿子上，並由專人統一整理，免得道具破損。

2

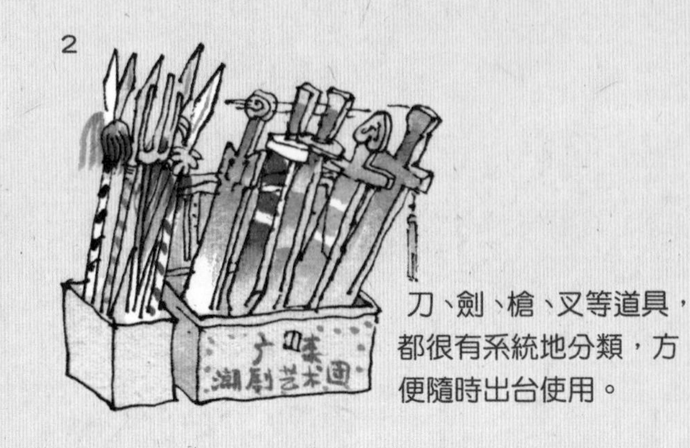

刀、劍、槍、叉等道具，都很有系統地分類，方便隨時出台使用。

3

因大部分戲棚演員和工作人員都臨時住在戲棚裡，所以有些人會在戲台下搭建一間私人密室，晚上有燈、風扇甚至冷氣，非常豪華。

4

後台裡，所有道具、衣帽頂戴都是戲班重要的資產，所以會有專人系統地整理、收藏、運輸。

5

戲棚裡的演員就像生活在大家庭，常常看到他們洗衣、吃飯、飲茶談天，十分親切。

神功戲做給誰看？

神功戲棚剛好面對天地父母棚，作用是酬謝一眾神明，令當地風調雨順，一切平安。其次才是請人來觀賞，以達到人神共樂的效果。

戲棚前排座位留給誰？

戲棚裡最前兩排椅子，一直被人誤以為是給孤魂野鬼來看戲。其實剛好相反，那些都是留給出錢出力的總理、理事，以及善長仁翁去看的。只是他們可能工作忙碌，沒時間來看罷了。

三天法事日程

農曆七月初一開孤門

農曆七月一日當天，盂蘭勝會組織會在其社區所供奉主神的廟宇進行開孤門儀式，代表由陰間通往陽間的「鬼門關」正式打開，為整個活動揭開序幕。但這並不代表地獄孤魂可任意出入，還須持有效關文經審批核對，才可到陽間參與盂蘭勝會活動。

審批關文

鬼差站在鬼門關，接收地獄孤魂排隊遞交申請表格。

第一天儀式流程

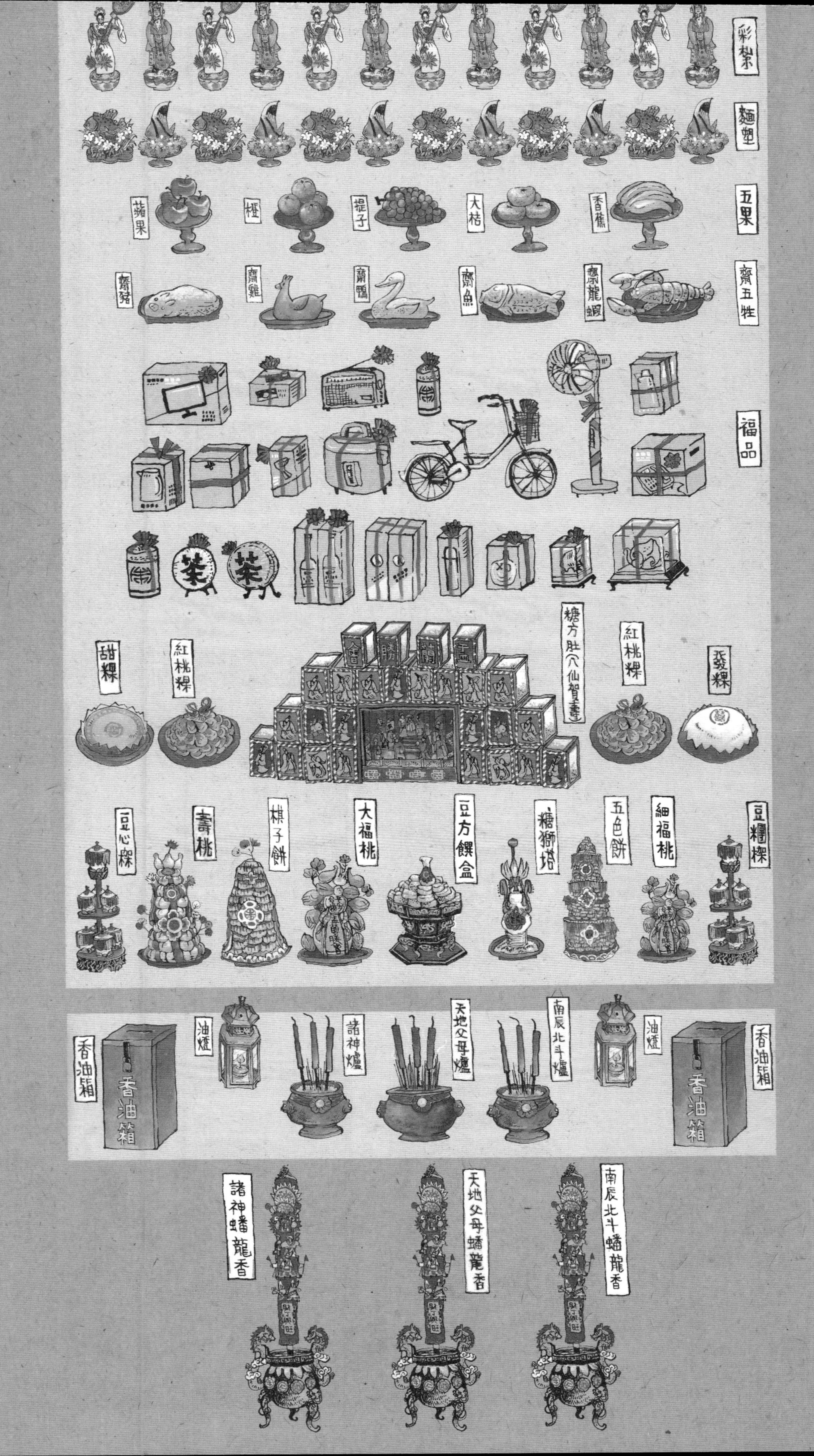

彩紮
麵塑
五果
蘋果
梨
提子
大桔
香蕉
齋五牲
齋豬
齋雞
齋鴨
齋魚
齋龍蝦
福品
甜粿
紅桃粿
糖方肚(八仙賀壽)
紅桃粿
發粿
豆心粿
壽桃
棋子餅
大福桃
豆方饌盒
糖獅塔
五色餅
細福桃
豆糰粿
香油箱
油燈
諸神爐
天地父母爐
南辰北斗爐
油燈
香油箱
諸神蟠龍香
天地父母蟠龍香
南辰北斗蟠龍香

請神儀式

香港潮人盂蘭勝會活動的第一天上午，請神儀式開始，首先請神隊由會場出發，前往該區街坊信眾所供奉廟宇，由總理或長老請出香爐，並安置在「香爐擔」內，在返回會場途中，會先作「遊神」，即是把香爐抬到主要街道，藉此祈求神明菩薩保佑區內街坊平安順境。

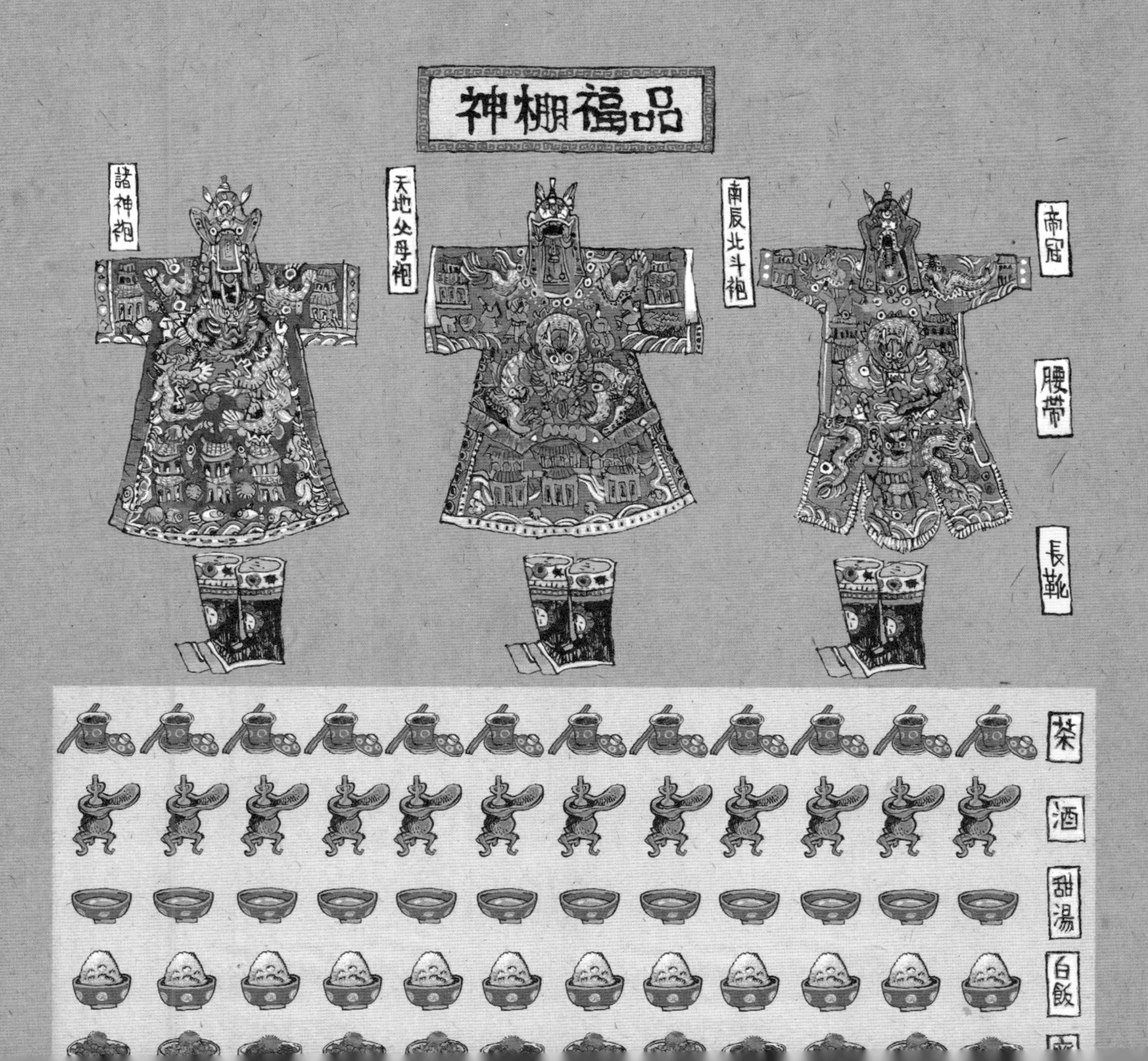

神棚福品
諸神袍
天地父母袍
南辰北斗袍
帝冠
腰帶
長靴
茶
酒
甜湯
白飯

迎神上座

請神隊伍折返會場後，由總理或長老負責把神明香爐供奉在天地父母棚的香案上，並帶領各理事一起向神明香爐進行上香儀式，最後公開給街坊善信供奉答謝神恩。

發奏關文

於神壇前中央處，放有紙紮「通冥使者」。當經師棚響鑼鼓奏音樂，發關儀式開始。首先，經師唸讀一道俗稱「通行證」的關文，此關文由通冥使者策騎飛龍白馬到地府，使孤魂可到陽間參加盂蘭勝會。

啟請

啟請儀式恭迎佛祖、菩薩、諸神前來盂蘭勝會，見證三天的功德法事，希望承佛祖、菩薩、諸神的加持，孤魂眾生能聞經受度，聽法超昇。當值總理也隨即焚化「道場初啟」疏筒、元寶和仙鶴。

開光安爐位

經師棚完成發關及啟請，稍休之後，開始開光安爐位，意謂「激活」受香火供奉的爐位。首先由經師在壇前誦唸經文，繼而由主法手持龍頭香爐，引領經師及多名值理到場地各爐位開點靈光。依次序是天地父母棚、大士台，然後到孤魂台，召孤魂安孤魂，再到附薦台及通天神馬為香爐安位開光。

走供

走供又稱金山啟請，是具有動感氣氛的走供儀式。儀式在晚上開始，通常由十一名經師參與，先由搖動金剛鈴的經師引領手持不同法器的經師，順序圍繞壇前踱步，繼而疾走，時而左穿右插，其中一位經師在鑼鼓擊樂伴奏下在壇前中央快速旋轉，以恭迎諸佛菩薩及護法降臨，祈求增福慧，賜吉祥消災難。

選總理

每屆盂蘭勝會都會選舉來年總理班底，分別會採用擲杯或協商互選等方式。擲聖杯是尋求神明指示，由神明決定委任負責來年籌辦盂蘭勝會的重要崗位。選總理是晚上在天地父母棚前舉行。首先將候選人姓名寫在紅紙上，參與者先行集體向神棚獻禮，宣佈職位，用筷子隨機將紅紙夾出一個名字。然後由長老負責擲杯，其他理事分別負責唱名、唱票和監選。儀式需連續擲杯三次、最少二次擲得「聖杯」，便算是獲得神明答允。

聖杯多用竹桶或木材做成，兩個為一對，一平一凸，代表一陽一陰，月形彎曲狀。當聖杯投到地上，呈現一陽一陰稱為「聖杯」，表示神明認同；兩面屬陽稱為「笑杯」，表示神明還未決定；兩面屬陰稱為「陰杯」表示神明不認同。

第二天儀式流程

第二天以誦經為主，誦唸經文有《佛說千佛洪名寶懺》、《慈悲三昧水懺》、《銷釋金剛經科儀》、《慈悲十王妙懺法》、《觀世音菩薩普門經》等。

午供

盂蘭勝會期間，每日中午前都會供養諸佛菩薩，所謂諸佛過午不食，午供須在中午十二時之前完成。儀式先由七位經師在壇前誦經，供養諸佛菩薩，繼而由主法引領經師及多名理事依次序到天地父母棚、大士台、孤魂台、附薦台及通天神馬香爐位進行供養參拜。

普門獻花科儀

普門獻花科儀又稱「禮普門祈福」，俗稱「拜觀音」，有佛社採用「六供」科儀代替。儀式開始，先由一位主法六位經師在壇前誦經，隨後分三排以二三二品字型站立，輪流向觀音菩薩叩拜，再以「悲」字印步伐圍繞壇前誦經文，祈求觀音菩薩以無畏施於眾生，妙智力能救世間苦。儀式過程理事及信眾可輪流到壇前以香柴供養，祈願納福迎祥。

第三天儀式流程

金山豎幡科儀

豎幡主要用五支鶴幡各代表東、南、西、北、中央五方護法。因恐天魔外道侵犯米棚祭品，故迎請五方護法降臨壇場，嚴護威儀。儀式後會將五支鶴幡懸掛在米棚範圍五個方位嚴督壇場。

金山十獻

敬獻十寶於佛前，先由主法引領理事在經師棚內參與儀式，經師誦唸經文，按次序將十寶（花、香、燈、水、果、茶、米、如意、佛珠、衣）由長老跪拜敬獻給諸佛菩薩，十寶各有不同功德和象徵意義。隨後十位理事，捧著各寶物跟隨經師圍繞壇前進行一連串的祭祀儀式，最後由經師帶領各理事將十寶擺放在神棚內供奉。

午供

午供每天上午約十一時進行，一般此儀式須在中午十二前完成。因諸佛過午不食，由七位經師在壇前誦經，供養佛祖、菩薩、諸神。其後經師分別再到神棚、大士台、孤魂台及附薦台等場地香爐誦經供奉諸佛，接著各理事向香爐進香參拜。祭品最簡單的就是飯、水、素菜、鮮果。

祭好兄弟

潮汕人將客死異鄉的同鄉稱為「好兄弟」，祭拜當中也將其他孤魂視為曾經共患難的「好兄弟」，盡顯博愛與包容的精神。祭好兄弟會在第三天下午，米棚擺放大量水果、飯菜、豆腐、芽菜等祭品，全體理事和長老向米棚祭品集體進香叩拜，其後將香支插在祭品上。

放餤口

經師棚儀式開始，先由總理或長老在上師前進香禮拜，進行「請師」儀式。上師持「手香爐」出位，須由多位理事參與進香。回到壇前，上師登座說法，手持法器帶領座下經師誦唸經文密咒，迎請菩薩。接著振動金剛鈴，驚覺魔怨心，口唸密咒手結法印，召請十方孤魂眾生到壇前聞法享食。上師將座邊一盤「孤雷粿」（又稱「石榴仔」）和大米撒向壇前，街坊善眾爭相搶接，他們吃下加持過的「孤雷粿」能保平安。最後，送大士爺開始，繼而清理米棚祭品，隨後米棚派米活動開始。

送大士爺

經師棚完成放燄口儀式，便進行送「大士爺」，意謂大士爺前來法場監壇施食圓滿，功成身退。會場工作人員首先解下豎幡，依次序把孤魂蓮位、附薦蓮位、金銀衣紙等紙紮祭品，最後連同大士爺，一起送往化寶爐焚化，意謂恭送大士爺及孤魂眾生離去。

派米

隨著放焰口法事完畢，派米活動開始，任何人都可以排隊領取白米。以往原意是救濟貧民，現在派發白米，已演變為長者祈求平安的習俗，故稱為「平安米」

福品競投

福品競投通常在盂蘭勝會活動第二天和第三晚，在天地父母棚前舉行。競投期間也會設宴款待前來參加競投的賓客，大會將天地父母棚的福品供善信競投，價高者得，目的是籌集來年的活動經費。街坊善眾相信經過供奉神明的福品，能夠帶來好運，保家宅平安。以往競投的福品多為香爐、福祿壽像、花瓶瓷器、家庭用品、走馬花燈、鏡畫和名酒等，現在為迎合時代需要，改為金飾玉器、數碼產品和家庭電器。福品價值通常包含中高低檔價格，迎合不同經濟條件的街坊善眾，以達到貧富共融目的。

北斗延壽尊經

在第三天晚上八時半至九時半拜祭北斗七星，由七名經師參與儀式，經師棚上擺放七張祭桌，祭桌上放有福斗桶，分別豎立七支北斗寶幡，主要為街坊解危賜福，祈求家家納福，戶戶迎祥。儀式中值理及信眾可排隊到壇前跪拜、供奉柴香、祈福許願，旁邊放有陶缽，信眾可隨意捐獻。

謝佛散旗

「送佛」的「走供」又稱「走散旗」，是按照佛印走動，以鑼鼓樂伴奏，跳出一連串祭祀動作，充滿動感氣氛。首先以誦經開始，隨後由搖動金剛鈴、手握紙紮「金童」的經師帶領，順序走出壇前，尾隨的一位經師手握紙紮「玉女」，其他的經師分別手持青色、赤色、黃色、白色、黑色的五色令旗，由「金童」「玉女」 護航，恭送佛祖菩薩離開，感謝諸佛菩薩見證三天盂蘭勝會加持儀式。最後由長老把金馬、金童玉女和元寶，以及「道場圓滿」疏筒的紙紮祭品，送往化寶爐焚化，代表這三天的法事圓滿結束。

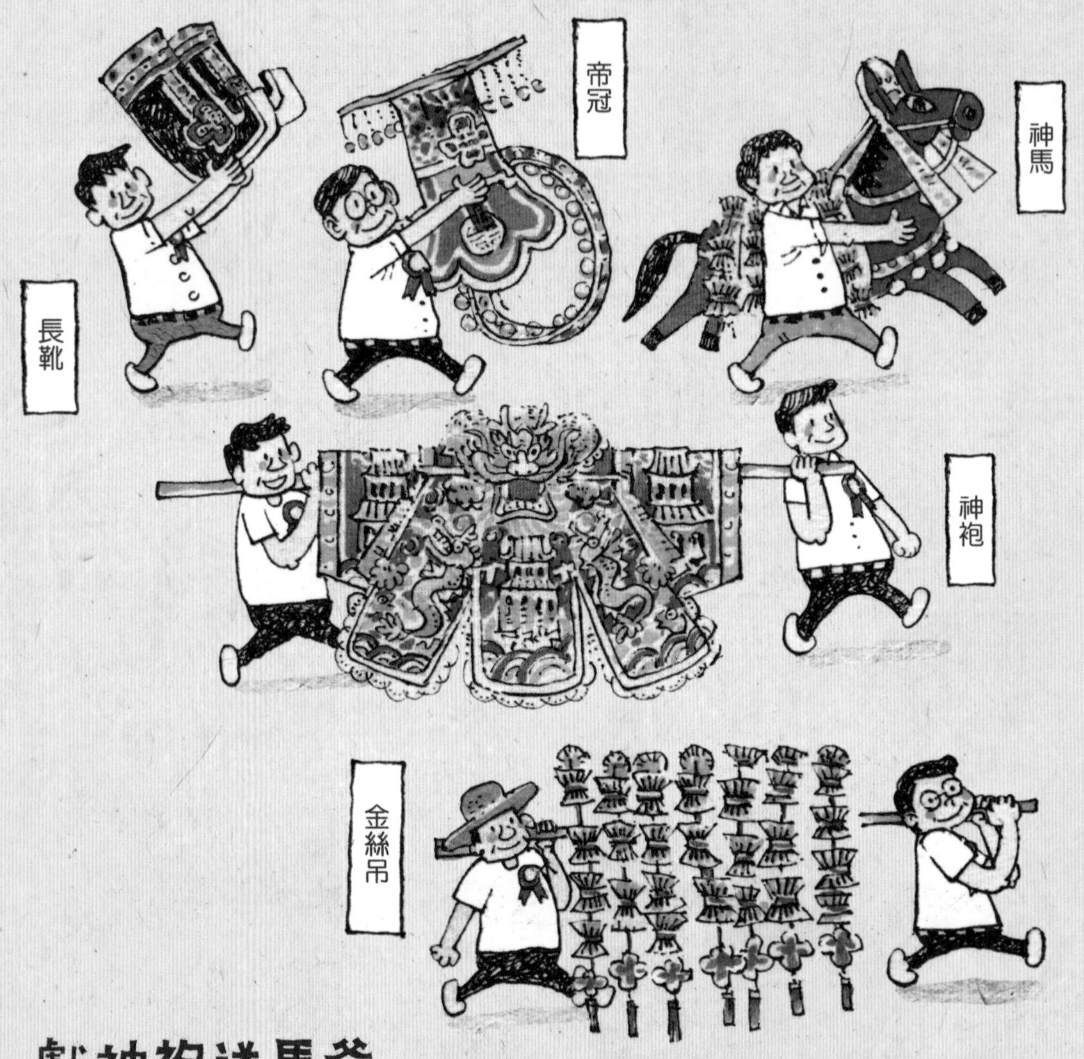

獻神袍送馬爺

經師棚完成「謝佛散旗」儀式，大會便開始進行獻神袍送馬爺、化財寶。化寶前先由總理或長老向天地父母棚跪拜，獻上紙紮祭品，才送往化寶爐焚化，意謂恭送神馬，將神袍獻給諸神。

送神

送神儀式需要在晚上子時前完成。送神隊將主神香爐送回廟宇，象徵三天的盂蘭勝會功德圓滿。

盂蘭勝會前期工作

農曆七月盂蘭勝會快將接近，各區盂蘭組織的理事及義工開始進行籌備工作。每年統籌、辦活動往往需要提前數月準備，包括向政府部門申請場地、訂購紙紮祭品等。請戲班、聘經師、場地搭建、佈置擺設、派平安米和競投福品等工作，將牽涉大量人力物力，都需要依賴一個團結的社區組織。盂蘭勝會的組織者，通常由地區的街坊、鄰里及商戶所組成，貧富共融，富者出錢，貧者出力。大家都是自願性質，互相分工合作。

街坊募捐

籌辦一次盂蘭勝會所需開銷之多寡，視乎規模之大小。一般而言，支出大致可分為搭棚費、請戲班、聘經師、神袍紙紮、糕餅祭品、平安米、彩旗花牌、水電安裝和保險費等。至於收入方面，不外乎三個來源：向街坊善信籌集、由總理及理事捐款，以及競投福品。在盂蘭勝會舉辦前，理事們會選定一個吉日，分別到各區上門拜訪街坊與商戶，收集募捐款項。

潮汕施孤節熱鬧的場景

搶孤濟貧

清末民初，潮汕施孤節多由善堂等地方組織舉辦，特點是將宗教信仰和慈善救濟融合一起，施孤祭品多以食品及生活用品為主，搶孤活動更成為貧窮百姓期待獲得免費食品和生活物資的來源。孤棚當天，孤棚前的空地會聚集大量民眾，各人手持自行製作，不同顏色及形狀大小的孤承。當經師棚儀式結束，鞭炮一聲巨響，施孤人員隨即拋出插有竹籤條的飯包籮和蕃薯，各人你爭我奪，手持孤承互相搶接，奪得蕃薯竹籤者，可憑竹籤背的祭品名稱換領相應物品。

潮汕地區最常見的搶孤方法

1 竹籮
2 反轉的雨傘
3 自製長棍帶網的孤承

4 竹籤
5 搶孤的收穫以糧油、日用品為主
6 幸運的話施孤節可以滿載而歸

搶孤競賽

盂蘭文化節搶孤競賽，是仿照昔日潮汕地區施孤節搶奪祭品及香港戰前南北行抛三牲等習俗模式，以創新角度加以改良及規範，成為適合年輕人的競賽活動，通過搶孤競賽來展現傳統盂蘭勝會的慈善濟貧。近年參與搶孤競賽隊伍，有來自各區盂蘭會、大中學院校、青年組織和外地團體的參與。

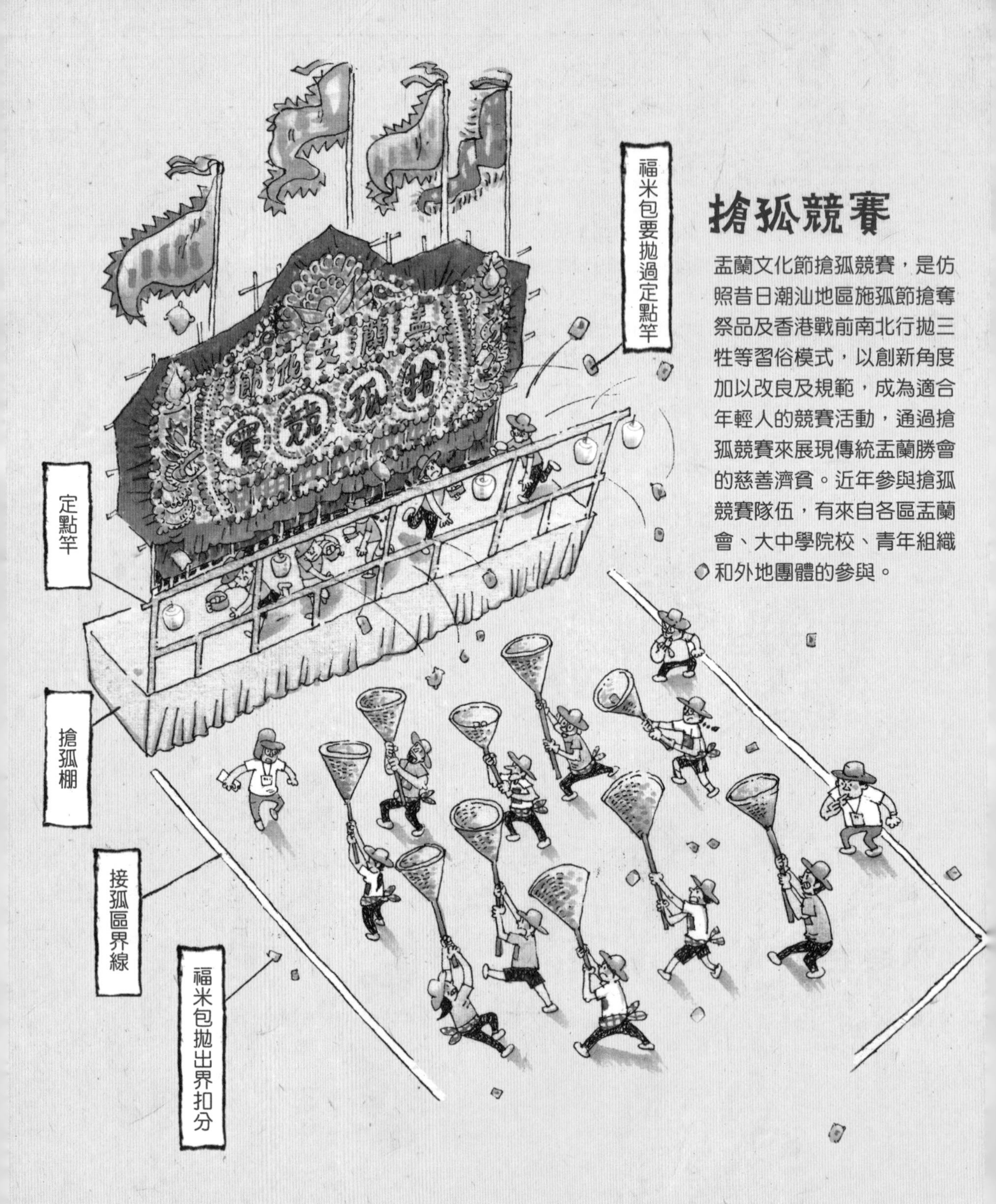

搶孤對戰組合：

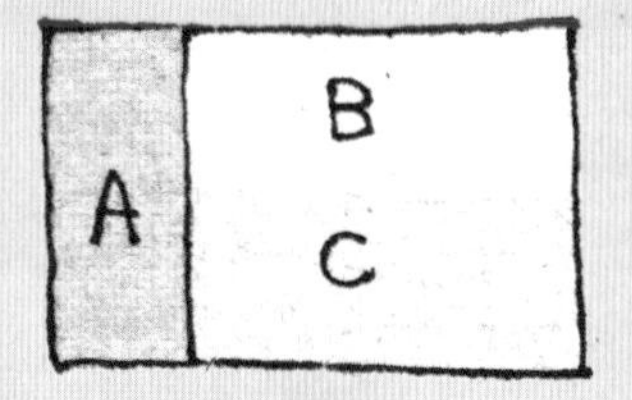

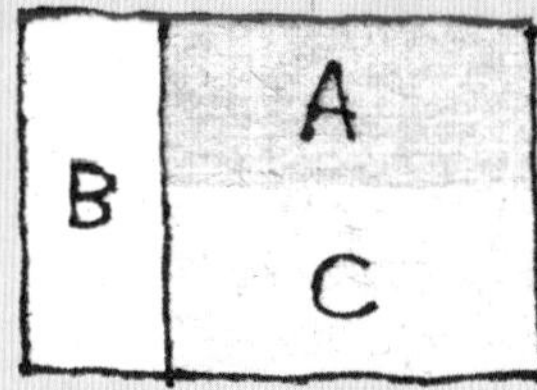

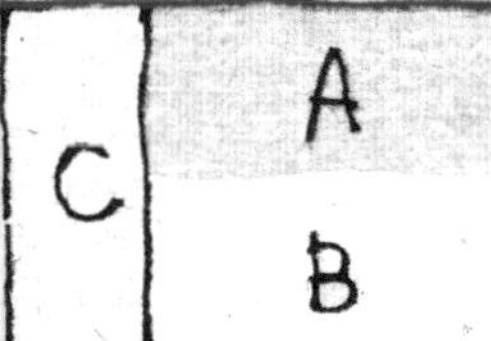

搶孤競賽標準裝備

搶孤規則

搶孤競賽形式以每隊五人、三隊為一組，每組比賽三輪，每隊輪流有五分鐘時間去搶孤棚上拋出的福米包，其餘兩隊則在搶孤區內手持孤承，搶接福米包，最後搶得福米包數量最多、積分最高的隊伍便是優勝隊。

多謝神馬先生帶我們認識盂蘭勝會，我們下年再來探你。
好啊！因為盂蘭勝會舉行的日期會以農曆計算，所以每年都有點不同，記得要看月曆啊。

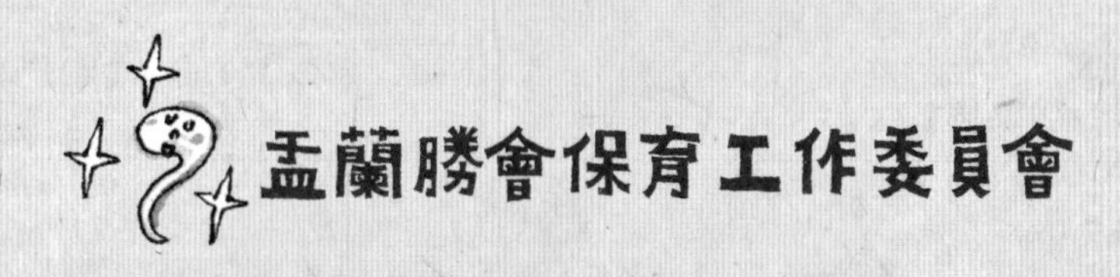

盂蘭勝會保育工作委員會

主　席：馬介璋

副主席：莊學山、許學之、陳幼南、吳哲歆、張成雄、陳統金、馬介欽、楊育城、許瑞勤、張仲哲、林鎮洪、陳愛菁、莊健成、孫志文、胡炎松

顧　問：陳偉南、蔡衍濤、許瑞良、歐陽成潮、佘繼標、劉宗明、劉奇喆、林克昌、黃成林、陳捷貴、紀明寶、葉樹林、林景隆、姚思榮、陳蒨

委　員：林楓林、林昊輝、方壯遂

潮州公和堂聯誼會有限公司	胡長和	理事長
佛教（三角碼頭盂蘭勝會）慈善有限公司	陳運然	董事會主席
天福慈善社有限公司石塘咀潮僑盂蘭勝會	吳平森	總理
秀茂坪潮僑街坊盂蘭勝會	曾祥裕	會長
紅磡三約潮僑盂蘭友誼會有限公司	劉建海	理事長
西環盂蘭勝會有限公司	鄭仁創	理事長
旅港潮陽臚溪上厝同鄉會盂蘭勝會	吳民順	主席
深井潮僑街坊盂蘭勝會有限公司	姚志明	會長
牛頭角工商聯誼會盂蘭勝會	翁木林	理事長
油麻地旺角四方街潮僑盂蘭會	陳光耀	理事長
長沙灣坊眾盂蘭勝會	黃權威	理事長
大王爺廟有限公司	朱重岳	主席
彩霞邨關注組	顏汶羽	總幹事
慈雲山竹園鳳德邨潮僑盂蘭勝會	葉　傑	主席
牛頭角區潮僑聯誼會有限公司	侯桂泰	財政
深水埗石硤尾白田邨潮僑盂蘭會	許楚喜	理事長
元朗盂蘭勝會	巴鎮洲	會長
粉嶺潮僑盂蘭勝會	黃祥漢	主席
上水虎地坳村「德陽堂呂祖仙師廟」盂蘭勝會	廖志協	主席
黃大仙上邨街坊福利會盂蘭勝會	林景隆	會長
觀塘潮僑工商界盂蘭勝會有限公司	方漢永	首席會長
西貢區盂蘭勝會有限公司	胡艷光	會長
土瓜灣潮僑工商盂蘭聯誼會有限公司	鄭海利	理事長

香港潮屬社團總會簡介

香港潮籍人士一百多萬，潮屬社團有一百多個，協調各社團之工作，匯聚鄉親力量，表達潮人心聲， 建設繁榮香港，是廣大潮籍人士多年來的心願。經過多年的醞釀和籌備，香港潮屬社團總會終於在二〇〇一年十月宣告正式成立。隨著社會的發展，總會於近年更以「團結潮人、扎根香港、凝聚力量、攜手並進」新理念，重訂目標，重組架構，吸納更多各界潮籍精英，凝聚各階層力量，密切各屬會之間的聯繫，加強地區基層工作。以新的面貌，更大力度推進各項工作，支持特區政府依法施政，為香港社會安定、經濟繁榮作貢獻，促進香港與外地的交往與合作，配合及支持家鄉潮汕地區的發展。

香港潮屬社團總會由香港潮州商會、香港九龍潮州公會、香港汕頭商會、香港潮商互助社、潮僑工商塑膠聯合總會、潮僑食品業商會、九龍東潮人聯會、九龍西潮人聯會、香港區潮人聯會、新界潮人總會等三十多個社團及各界潮籍知名人士組成，屬下團體會員、個人會員逾十萬名。

總會的宗旨是團結香港潮屬社團和各界人士，為香港社會安定、經濟繁榮作貢獻，促進香港與外地的交往與合作，配合及支持家鄉粵東四市發展。總會首席榮譽會長李嘉誠；榮譽會長陳有慶、吳康民；創會及首屆主席陳偉南，第二屆主席蔡衍濤，第三屆主席莊學山，第四屆主席馬介璋，第五屆主席許學之，第六屆、第七屆、第八屆及第九屆主席陳幼南；監事會主席林建岳；第九屆常務副主席張成雄、莊學海、胡定旭、高永文、馬介欽、陳振彬；副主席林大輝、楊育城、鄭錦鐘、林鎮洪、陳愛菁、莊健成、孫志文、林宣亮、胡澤文、胡池。